中国传统聚落与民居研究系列（第一辑）

窑洞民居

北京大学聚落研究小组
北京建筑大学 ADA 研究中心

中国电力出版社
CHINA ELECTRIC POWER PRESS

编委会

丛书主编　王　昀　方　海

本书主编　张捍平　赵朴真

编　　委　赵冠男　王风雅　贾　昊　姚博健　楚东旭
　　　　　翟玉琨　张发明　李兆颖　王　璐

参与聚落调研人员名单

2014年11月调研人员	张捍平　赵冠男　贾　昊　楚东旭
2015年7月调研人员	赵朴真　吉　周　杨秉宏　王风雅 翟玉琨　张竞攀
2015年9、10月调研人员	赵朴真　吉　周　李啟潍　王风雅 翟玉琨　张竞攀
2015年11、12月调研人员	赵朴真　王风雅　李兆颖　张发明 王　璐

绘图人员　陈艺含　邓　璐　吉　周　李啟潍　李英汉　李兆颖　史祚政　王　璐
　　　　　杨秉宏　翟玉琨　赵朴真　张发明　张竞攀

序一 不褪落的痕迹

写在《中国传统聚落与民居研究系列》出版之际

《中国传统聚落与民居研究系列》之《窑洞民居》《北京杂院》《厦门骑楼》终于付梓。继《云南民居》后，王昀、方海及其团队奉献的这三本心血之作，细致入微地采撷了人类居住形式变迁中的诸多宝贵痕迹，为我们温习人类文明发展历程提供了丰富的场景素材和想象空间。贯穿于作品中的严谨科学与人文魅力完美结合，视角独到，回味无穷。

长期以来，王昀、方海及其团队没有忘记对人类生活痕迹的执著找寻。他们努力屏蔽喧嚣，隔离虚张，潜心关注蕴藏于生活日常的建筑遗产与人文精华。这样的关注无疑传递出一种信念：建筑与人类生活的不离不弃，建筑与生存环境的相互印证，建筑与历史进程的彼此铭记，才是建筑之魂灵和根本。这或许是《中国传统聚落与民居研究系列》诞生的初心，也是继《云南民居》之后，《窑洞民居》《北京杂院》《厦门骑楼》等系列著作相继脱胎的动能。

很难量化王昀、方海及其团队在找寻"聚落与民居"遗迹时风餐露宿的艰辛，也无法统计他们潜心史海逐句逐字解惑勾沉的枯燥。但可以肯定，只要愿意寻究人类究竟从哪里来、终将向哪里去，只要愿意思考地球的前世今生，不论何种专业背景的读者，都可以从《中国传统聚落与民居研究系列》中产生如此共鸣：以居住形式为切入点进行的还原和挖掘，难道不是理性的建筑结构技术与生动的柴米油盐生活的深度嵌融？难道不是建筑与艺术、建筑与人文、建筑与历史关系最直接的表达？难道不是人类文明时空交汇、代代传承的最好解读？

建筑是音乐，是艺术，更是永恒的历史。建筑如引擎般驱动思绪飞扬，辐射壮阔无垠的领域，既活化曾经，也启迪未知。当人们闭目站在大昭寺前，五彩经幡和千年来川流的朝圣者会飞掠脑海；伫立威尼斯圣马可教堂，会幻化十字军的浩荡东征，会在潮涨之时因海水咄咄逼人忧患这座城市的将来命运。

这一切，皆因建筑与人的相生相伴。

某一天，已经长大的儿子说，他曾就读的小学、初中、高中的老旧校舍建筑，都因拆迁不复存在了。

的确，这是一个健忘的年代。人们关于故乡的记忆似乎越来越稀薄，更多的古迹杂院、民居旧址，在不情愿地灰飞烟灭。

真诚感谢王昀、方海及其团队。感谢他们以"聚落与民居"这一独特视角，让炊烟缭绕着人类文明发展的漫漫旅途；感谢他们在商业社会的淡然和定力，在资本力量摧枯拉朽时代不变的责任与坚韧；感谢他们真正的学者情怀、风范与价值观。这样，我们才能在深入《窑洞民居》时，脑际涌动和流淌出生生不息的黄河文明；才能在走进《北京杂院》时，耳畔经久回响不息的胡同鸽哨；才能在穿行《厦门骑楼》时，眼前回旋红砖尾脊的民国风韵。

征程未完，初心尚在。对于《中国传统聚落与民居研究系列》而言，只有驿站，不存终点。期待王昀、方海及其团队继续找寻并唤醒更多沉睡的建筑痕迹，以自己独特的记录与打开方式，为我们致敬传统、创造未来提供无价的样本。

张渝

2018年11月

序二 乡音、乡建与乡愁

中国四十年的改革开放在取得重大经济腾飞时，也迫使人们认真思考中国的乡村与家园。如何理解和处理好"乡愁"与"乡建"的关系，这是中国当代城乡发展所面临的最大挑战。

高速发展的城市化进程和城镇化建设从内外两方面影响着具有数千年文明发展历程的中国乡村和中华文化家园。成千上万的中国村镇，除少数被列入"中国传统村落名录"中，绝大多数历经千百年形成发展的中国自然村落正与它们所携带的中国原生文化基因一道，在现代化的进程中快速消亡。人们试图通过"乡建"保留"乡音"，从而记住"乡愁"。然而，在过去的几十年，我们的"乡建"第一阶段是以政府"扶贫"项目为依托，第二阶段以建筑师的项目为介入。在许多情况下建筑师们介入乡村建设是由建筑师的个性化兴趣主导，由此形成的各类民宿和农家乐建筑虽能一时满足城市阶层闲暇娱乐的心灵追求，却不能满足"乡建"的最根本需求，即如何考虑和满足村民的诉求。由此使中国当代"乡建"进入了第三阶段，即"艺术介入乡建"（简称"艺术乡建"）的时代。

"艺术乡建"是一种国际范式，诸多国际建筑大师如阿尔瓦·阿尔托等，早在半个多世纪以前已为"艺术乡建"树立了榜样。前不久，当代建筑大师库哈斯在北京与中国艺术家渠岩共同探讨"如何寻找最美的建筑"中，强调艺术家和建筑师必须谦虚学习并融入当地文化，尊重乡村"文化多样性"，同时加深对当地日常知识的深入理解和对当代流行文化的反思，从而才能发现最美的建筑、最恬静的乡村和最理想的家园。在"乡建"过程中努力牢记"乡愁"，最有效的方法就是记录"乡音"。我们要记录的"乡音"以传统聚落的总体规划和民居形成基本载体，同时也全面了解村落历史、自然山水、宗教信仰、节庆习俗、人口迁徙、空间逻辑、生产方式、工艺民俗、村规民约等，从而以尽可能完善的"乡音"支持"乡建"，最终记住"乡愁"。

为什么要进行尽可能全面的以传统聚落和民居为主要载体的"乡音"记录？因为它们是文化传承的基本载体，融合了土生土长的文化气息和沉淀数千年的精湛技艺，是越来越受到重视和尊崇的"没有建筑师的建筑"。从古至今，人类历史上大多数物品都是"没有建筑师的建筑"和"没有设计师的设计"，这些无名设计实际上是人类设计史的主体，然而古往今来，它们大都没有受到应有的重视。美国著名作家劳埃德·卡恩（Lloyd Kahn）所著的《庇护所》（Shelter），将人类历史上出现过的洞穴、草屋、帐篷、木屋、仓房、农庄及各地民居聚落列为研究的目标。面对现代城市日益膨胀的混凝土"森林"，民间传承已久的无名设计中所蕴含的手工技艺和设计理念，不仅能够让人们重拾手工、探险、劳作和自由的乐趣，而且能促使人们重新思考人类与大自然的关系，深度反思生态与环境的理念，加强对设计科学的多角度思考。

对本民族包括聚落民居在内"乡音"文化遗产的记录、梳理和研究，我国还处于起步阶段。而西方自古罗马时代就有记录与研究建筑的传统，这种早熟的建筑学传统在文艺复兴之后成为各国的显学，从而使他们对本民族各类建筑文化遗产有非常完整细致的梳理记录。中国古代建筑制度虽然发达，宋代《营造法式》和清代《工程则例》等文献都是中国古代建筑学的瑰宝，但它们都集中在关注建筑制度与施工管理，并多以官式建筑为本，而对占中国建筑最大比例的民间住宅与聚落方面则极少记载。直到来自欧美国家和日本的专家学者开始调研并出版有关中国民居的著作，才引发中国学者的加入。"中国营造学社"的成立是中国学者研究中国建筑的开端，我国建筑学开创者之一的刘敦桢教授对西南民居和徽州民居的研究，开启了中国学者对本民族民间建筑的学术介入。之后中国各省市对民居建筑的调研，随后逐步由点到线，由线到面，使中国各地民居的基本面貌逐渐浮出水面，构成中国建筑学的一个重要分支。

《中国传统聚落与民居研究系列》第一辑中所选取的三种民居类型在类型学、文化史和地缘政治学诸多方面都有特殊意义。其中《窑洞民居》所展示的建筑类型不仅是中国民居大家庭中最古老、最有代表性的成员之一，也是人类住宅发展史上最悠久的住居形态之一。另外两本《北京杂院》和《厦门骑楼》，它们分别是中国延绵已久的南北物质文化发展的典型代表。中国的窑洞民居广泛分布于陕西、山西、甘肃、河南等地，而本辑的窑洞民居则聚焦于河南的三门峡地区。该地区至今依然广泛使用的地下窑洞或"下沉式窑洞"位于中华民族文化的发源地之一的黄河流域中原地带，这种窑洞形式不同于西北地区普遍采用的"地上侧向式窑洞"，具有源于自身环境的设计原则和发展轨迹，至今已有四千余年历史。如果以中原地区为核心，北京杂院建筑则成为中国北方民间建筑的典型代表。它们经过八百多年的发展，最终形成以四合院住居为经典模式的北方民间建筑聚落集群，在许多方面完美地与气候和环境和谐发展。本辑中与北京杂院建筑相对应的则是中国南方民间建筑的代表性聚落集群——厦门骑楼建筑。长期以来，地理环境和气候条件从根本上决定和制约着各地建筑的发展，中国南方以两广地区（广东、广西）和以福建为代表的骑楼建筑至少亦有千年历史，而其中的厦门骑楼因其在中西方文化交流中的特殊地位尤其值得关注。与此同时，厦门骑楼也是西方文化早期进入中国的建筑样本，一方面映射着中国文化如何消化吸收西方文化并转化为具有中国地域特色建筑形式的实践，另一方面也成为中国南方住居环境中炎热气候与发达商业文化结合的典型代表。

中国的城乡发展要达到可持续性地维护和发展中华民族住居文化，就必须对我们的祖先千百年来积累下来的设计智慧进行系统地梳理、研究、吸取和扬弃。《中国传统聚落与民居研究系列》成果的出版，希望成为中国可持续"乡建"的重要组成部分。我们用敬畏之心和田野调查的科学态度面对"乡音"，介入其历史调查、聚落脉络溯源、民居风格梳理、礼俗文化链接、村民组织互动等；我们用审慎的心境和国际化的设计创意面对"乡建"，立足于保护文脉基础上的民居与村落修复、社区关系营造、聚落生态保护、复合与可再生的生产与经济运行机制等。最终我们会迎来基于和谐社会理想的"乡愁"，生态聚落的艺术复兴。

中华文明源远流长、博大精深，但在全球化综合竞争和文化碰撞中，我们希望以《中国传统聚落与民居研究系列》为媒介，用国际化的观察视野，以跨学科的知识融合，选择合适的研究标本，以点带面，用星火之势绘制"大中华"聚落与民居记忆的地图，用中华民族活化石的"乡音"呈现中国古代设计智慧。

方海

2018年11月

前　言

　　窑洞民居是一种具有悠远历史的人类居住形式，其原型可追溯至原始的穴居。总体可分为侧向式靠崖窑和下沉式窑洞，后者又被称为天井窑院或地坑院，是一种在开阔的平原上开凿洞穴的窑洞民居形式。我国的下沉式窑洞民居在河南三门峡、洛阳，山西运城，甘肃陇东地区的庆阳及陕西的部分地区均有分布，现存相对完好并且数量集中的要数河南三门峡地区，约有207个自然村落存在或多或少的窑院。伴随着中国现代化乡村建设的快速发展，下沉式窑洞民居的数量正在快速减少，对现存的窑洞民居进行记录和研究已成为势在必行的工作。为了记录这些不断消失的聚落，北京大学聚落研究小组与北京建筑大学ADA研究中心师生们对河南三门峡地区的下沉式窑院进行了多次实地考察，共实地调研了90个村落，其中窑院成批保存较为完好且调查时还成规模地有人居住的村落共35个，这35个村落也是目前河南三门峡地区仅存且仍然被使用的下沉式窑洞聚落。本书重点介绍这35个聚落中有特色的23个（其中东窑院村与西窑院村、反上村与反下村并在一起介绍，目录中分类数量为21个）。第一部分重点对窑洞民居的历史和产生进行了简要的梳理，对窑洞民居的发展过程和河南三门峡地区下沉式窑洞民居的分布等进行了简述；第二部分针对选出的23个聚落进行进一步介绍，通过航拍图、测绘图、实景照片等记录方式，呈现了这些聚落的环境、分布状况、聚落特征及居住状况等；第三部分通过对1958年与2014年卫星图的呈现，直观对比了三门峡地区下沉式窑洞聚落的变迁。

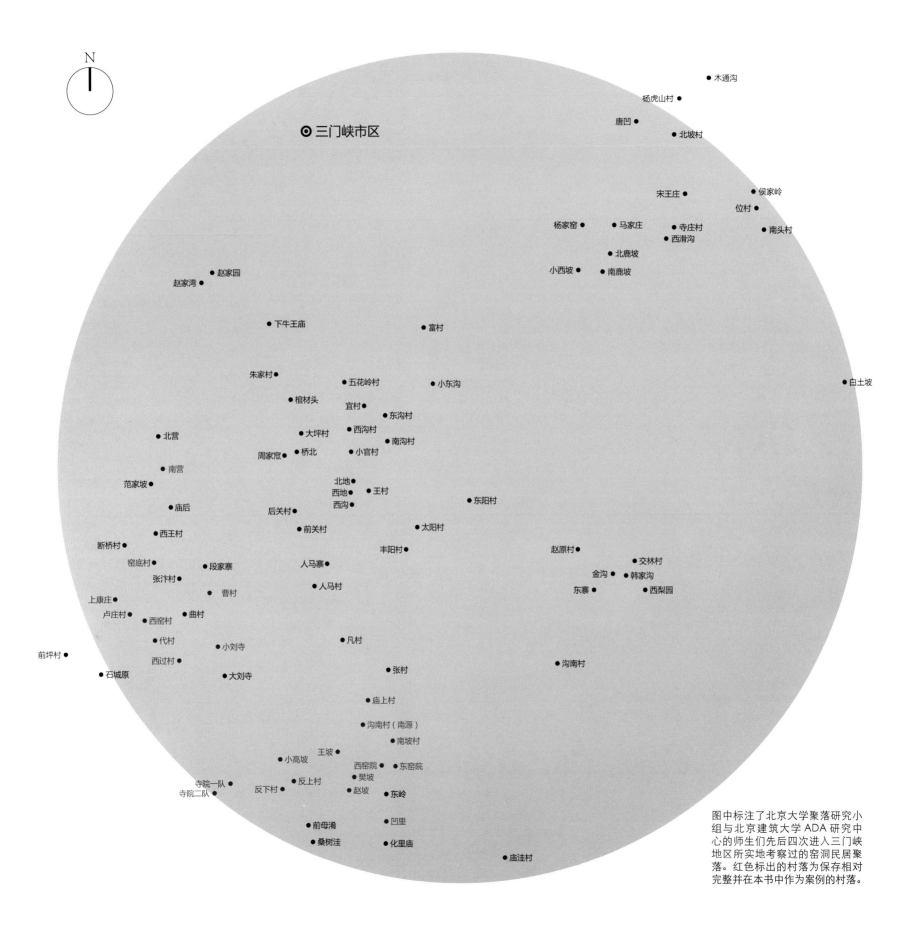

N

◉ 三门峡市区

● 木通沟

● 杨虎山村

● 唐凹　　● 北坡村

● 宋王庄　　　● 侯家岭
　　　　　　　● 位村
● 杨家窑　● 马家庄　● 寺庄村　　● 南头村
　　　　　　　　● 西滑沟
　　　　　● 北鹿坡
● 小西坡　● 南鹿坡

● 赵家园
● 赵家湾

● 下牛王庙　　　　● 富村

● 朱家村　　　● 五花岭村　　● 小东沟　　　　　　　　　● 白土坡
　● 棺材头　　● 宜村
　　　　　　　　　　● 东沟村
● 北营　　● 大坪村　● 西沟村
　　　周家凹 ● 桥北　● 小官村　● 南沟村
● 南营
范家坡 ●　　　　　　北地
● 庙后　　　　　西地　● 王村
　　　　　后关村 ●　西沟　　　　　● 东阳村
● 西王村　　● 前关村　　● 太阳村
断桥村 ●
窑底村 ●　● 段家寨　　● 人马寨　　● 丰阳村
张汴村 ●　　　　　　　　　　　　　　　赵原村 ●　　● 交林村
上康庄 ●　● 曹村　　● 人马村　　　　　　　　金沟 ●　● 韩家沟
卢庄村 ●　　　　　　　　　　　　　　　　东寨 ●　● 西梨园
　● 西窑村　● 曲村
　　● 代村
前坪村 ●　　　● 小刘寺　　● 凡村
　西过村 ●　　　　　　　　　　　　　　● 沟南村
● 石城原　● 大刘寺　　● 张村

　　　　　　● 庙上村

　　　　● 沟南村（南源）
　　　　　　● 南坡村
　　　● 王坡
　● 小高坡　● 西窑院　● 东窑院
　　　　　　● 樊坡
寺院一队 ●　　● 反下村　● 反上村　● 赵坡　● 东岭
寺院二队 ●

　　● 前母滑　　● 凹里
　　● 桑树洼　　● 化里庙
　　　　　　　● 庙洼村

图中标注了北京大学聚落研究小组与北京建筑大学 ADA 研究中心的师生们先后四次进入三门峡地区所实地考察过的窑洞民居聚落。红色标出的村落为保存相对完整并在本书中作为案例的村落。

目 录

序一 不褪落的痕迹

序二 乡音、乡建与乡愁

前言

第一部分 关于窑洞民居 1

一、窑洞民居的形成 2

二、窑洞民居的分类 4

三、我国窑洞民居的分布 4

四、窑洞分布地区的自然条件 4

五、三门峡地区的下沉式窑洞民居 6

第二部分 三门峡地区二十三个聚落 9

一、曹村 10

二、西窑村 22

三、西过村 32

四、代村 44

　代村5号窑院 50

五、东窑院村／西窑院村 58

六、上康庄村 66

七、樊坡村 76

　樊坡村5号窑院 82

八、小刘寺村 90

九、窑底村 98

十、赵坡村 108

　赵坡村20号窑院 114

十一、反上村／反下村 122

　反上村5号杨氏老人窑洞 128

十二、小高坡村 138

十三、卢庄村 146

　卢庄村1号窑院 152

十四、庙上村 162

　庙上村2号窑院 174

十五、南坡村 180

十六、南营村 192

十七、寺院村一队 202

　寺院村一队17号窑院 212

十八、寺院村二队 218

十九、凹里村 226

二十、王坡村 234

二十一、沟南村 242

第三部分 三门峡地区下沉式窑洞聚落一览 251

后记 261

内容索引 262

插图索引 265

参考文献 269

第一部分　关于窑洞民居

一、窑洞民居的形成

1．穴居

窑洞民居这一居住形式可追溯至漫长的从猿到人的进化历史的早期，始于第四纪大冰川期导致全球温度降低，植被减少，古猿被迫寻找新的庇护所。天然的洞穴可抵御风雪，保存热量，人类基因中对穴居的记忆便从这时开始沉淀。有大量考古发掘证明，现代人的共同祖先智人、分布于欧洲和北亚的尼安德特人、亚洲的直立人等曾居住在天然的洞穴中。目前可考证的最早的智人穴居遗址位于现今南非的尖峰角（Pinnacle Point），距今10万年左右[1]。

随着人类使用工具水平的提高，改造自然能力的增强，人工穴居开始出现。人工穴居通常分为竖穴和横穴。

（1）竖穴。

根据对我国考古发掘现状的统计，距今七八千年前新石器时代早期的"磁山文化""裴李岗文化"遗存中竖穴比较普遍。竖穴一般为在平地或坡地上向下挖掘横截面为圆形或椭圆形的竖井，一般直径2米左右，深度不到1米，大都有圆锥形穴顶或窝棚，用木棒支撑，这种小型的居住单元相比横向挖掘进入山体的横穴而言更易于建造[2]。进入仰韶文化后，半穴居开始出现，其空间模式已开始脱离早期天然洞穴，向着地上建造房屋的方向发展，竖穴逐渐变为储物用的地窖[3]。

（2）横穴。

关于横穴的遗址发掘相对较少，目前发现最早的横穴聚落遗迹为山西石楼岔沟遗址，根据实验室测定距今约4500年，曾延续400年之久。该遗址坐落于半山腰上，洞穴平面多为凸字形；入口门道处较窄且矮，宽约0.75米，高约1.7米，门为拱形；居室平面为不规则的圆形，也存在部分向方形发展的趋势，四壁向内拱曲，洞顶高约2.9米，多数有白灰墙裙，部分住居在居室近中心处有木柱支撑；洞口有平台形成院落。从考古遗址和复原图可以看出，这种横穴的空间模式已经与后来的窑洞民居的住居空间模式相契合[4]。

2．文献中对窑洞民居的相关记载

关于窑洞的发展历史，目前只能从历史文献中获得关于窑洞民居的信息片段。战国末年《礼记·礼运》中曾谈到"昔者先王未有宫室，冬则居营窟，夏则居橧巢"[5]；《孟子·滕文公下》："当尧之时，水逆行，氾滥于中国，蛇龙居之。民无所定，下者为巢，上者为营窟"[6]；北魏崔鸿的《十六国春秋·前秦录》中记载"张宗和，中山人也。永嘉之乱隐于泰山……依崇山幽谷，凿地为窑，弟子亦窑居"是迄今为止最早以"窑"字称横穴的文献[7]；后汉孔颖达为《礼记》疏："冬则居营窟者，营累其土而为窟，地高则穴于地，地下则窟于地上。谓于地上累土而为窟"[8]；《水经注疏》记载"永宁寺其地是三国时魏人曹爽的古宅，经始之日，于寺院西南隅得爽窟室，下入地可丈许。地壁悉垒方石砌之，石作精细，都无所毁"[9]；《巩县志》记载"曹皇后窑在县西南塬良保，宋皇后氏幼产于此"[10]。现陕西省宝鸡市金台观张三丰元代窑洞遗存为至今发现的最古老的窑洞。

[1] MAREAN Curtis W, NILSSEN Peter J, BROWN Kyle S, JERARDINO Antonieta, STYNDER Deano. Paleoanthropological investigations of Middle Stone Age sites at Pinnacle Point, Mossel Bay (South Africa): Archaeology and hominid remains from the 2000 Field Season [J]. Paleoanthropology, 2013 (1)：14-83.
[2] 侯继尧. 窑洞民居 [M]. 北京：中国建筑工业出版社，1989:16.
[3] 侯继尧. 窑洞民居 [M]. 北京：中国建筑工业出版社，1989:17.
[4] 张长寿，郑文兰，张孝光. 山西石楼岔沟原始文化遗存 [J]. 考古学报，1985（2）:185-208.
[5] 戴德，戴圣. 礼记 [M]. 南昌：江西美术出版社，2012.
[6] 朱熹. 国学典藏·孟子 [M]. 上海：上海世纪出版股份有限公司古籍出版社，2013.
[7] 崔鸿撰. 十六国春秋 [M]. 北京：商务印书馆，1936.
[8] 引自：戴德，戴圣. 礼记 [M]. 南昌：江西美术出版社，2012.
[9] 引自：郦道元. 水经注疏 [M]. 南京：凤凰出版社，2014.
[10] 引自：巩县志编纂委员会. 巩县志 [M]. 郑州：中州古籍出版社，1991.

图 1-1　三门峡市陕县的下沉式窑院

二、窑洞民居的分类

窑洞民居自横穴发展而来，基本单元的空间形制未曾改变，即横向挖掘出的空间，依据其基本单元的排列形式可将窑洞民居划分为靠崖窑和下沉式窑院两大类，同时也存在仿窑洞空间的独立式窑洞。

1．靠崖窑

我国的窑洞民居中靠崖窑的数量占多数，在各个有窑洞民居的地区均有分布。顾名思义，靠崖窑即依着山坡、土塬、沟坳横向挖掘出的窑洞式住居，这种依地势修建的窑洞挖掘土方量较少，更为省时省力，普遍沿着等高线一排排叠进分布，底层的窑洞顶自然成为上一层窑洞的前院。按照地形划分，窑洞民居又可细分为靠山式和沿沟式，其中前者主要分布在我国陕北地区、延安、晋中地区及豫西窑洞区，后者主要分布在我国陕北地区、延安和豫西窑洞区。

2．下沉式窑院

下沉式窑院从空间层面可看作是竖穴与横穴结合的产物，多分布于黄土塬广阔的高台平地之上。这里没有山坡崖壁可依，且气候干旱、多土少木，导致没有合适的木材用于修建房屋，生活在这里的居民因地取材，以黄土为建造材料，通过改变地形的方式，人工挖出有高差变化的竖穴，再横向挖掘出适合居住的居室，由此形成了下沉式窑洞民居（图1-1）。下沉式窑洞主要分布在我国的渭北、晋南地区及豫西的窑洞区，本书所主要呈现的便是豫西三门峡地区的下沉式窑洞民居聚落。

3．其他

在我国广阔的黄土地区内还存在着大量的模仿窑洞空间形制的民居形式，这类在地上通过砌筑修建而非挖掘产生的民居营造出了横穴的空间形制，因此有学者将其归为窑洞民居的一种，称其为独立式窑洞，进一步可根据其建造材料细分为砖石窑洞、土基窑洞等。

三、我国窑洞民居的分布

我国的窑洞民居广泛分布于甘肃、山西、陕西、河南、河北中部和西部、宁夏、内蒙古中部及青海东部等，按照地理位置和窑洞分布的疏密可分为以下六个窑洞区。

（1）陇东窑洞区，即甘肃东南部与陕西接壤的庆阳、平凉、天水地区，陇东黄土高原一带；

（2）陕西窑洞区，即陕西省内秦岭以北的地区；

（3）晋中南窑洞区，即分布在山西省太行山以南的吕梁山区；

（4）豫西窑洞区，即河南省郑州以西，优牛山以北黄河两岸范围；

（5）冀北窑洞区，即河北省西南部，太行山区东部的武安、涉县等；

（6）宁夏窑洞区，即宁夏回族自治区中东部的固原、西吉和同心县以东的黄土塬区。❶

四、窑洞分布地区的自然条件

我国窑洞民居分布地区均具有相似的自然环境，气候干燥、降雨量少、少有乔木生长成林、土质为黄土，这些先天条件的限制对窑洞这一形制的民居的形成有很大的影响。抬梁式❷和穿斗式❸等木结构建筑的建造需耗费大量木材，而在窑洞民居分布的地区中，具备建材潜质的乔木稀少，制作烧结砖也需要耗费大量木材作为燃料，在交通运输极不发达的古代，就地取材是人们建造的一项基本原则，当地人们便将目光投向了易于挖掘且具有良好抗压能力的黄土。黄土地层的不同颗粒细度、矿物成分、各个地质时代的黄土厚度及温度、湿度、雨量气候条件差异，影响了各地黄土的物理性质，这也影响了窑洞民居的具体形制（靠崖窑或下沉式窑院）。

❶ 引自：侯继尧．窑洞民居 [M]．北京：中国建筑工业出版社，1989．
❷ 抬梁式：在立柱上架梁，梁上抬梁的木构建筑，我国的宫殿、庙宇等大型建筑普遍为此类建筑。
❸ 穿斗式：中国古代建筑木构架的一种形式，这种构架以柱直接承檩，没有梁。

三门峡市区地形图（白色方框为窑洞聚落点分布位置）

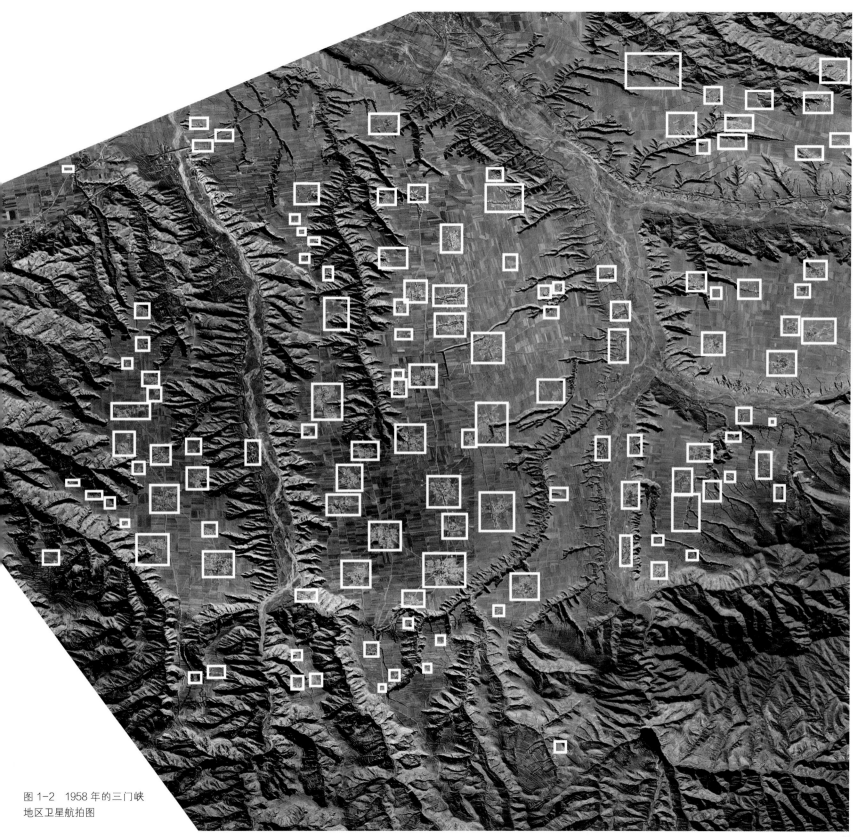

图 1-2　1958 年的三门峡
地区卫星航拍图

五、三门峡地区的下沉式窑洞民居

三门峡窑洞民居属于豫西窑洞区，与晋中南窑洞区相连，这里密集地分布着下沉式窑洞民居聚落，从拍摄于1958年的我国三门峡地区卫星航拍图（图1-2）可以直观看到窑洞民居在该地区的分布状况。

从20世纪50年代至今，经过60余年的发展与建设，城市面积的扩大使这里的一部分乡村的土地减少，居住在农村的人们为了获得更好的生活居住条件也逐渐放弃了延续上千年的传统居住方式，从下沉式"竖穴+横穴"模式的天井窑院中搬上地面，或在窑洞临近处新盖砖房，或将窑洞填平并在其上盖房，或放弃窑洞另寻一块土地盖房。通过观测2010～2014年的卫星航拍图可以发现，该地区表面上似乎还存在着一定数量的窑洞民居聚落，但通过放大地图可以发现实际已经不存在纯粹的只由窑洞组成的聚落，所有的村落或多或少在地面上加盖了房屋。图1-3～图1-10中分别列出了4组对比的卫星图片，将1958年和近年的航拍图进行对照，从中发现大营镇和原店镇经过乡镇建设，窑洞类型民居已经基本消失；西张村镇的中北部、菜园乡和东凡乡、湖滨区的磁钟乡虽然仍存在着大量的窑洞民居的村落，但是多数村落半数以上的窑洞已经废弃（或被填埋），无法呈现较为单一完整的独特窑洞聚落形态。现存保存相对完整、成规模并且仍有人居住的窑洞聚落集中在三门峡市陕州区的张汴乡和西张村镇的南部。

本书正是在上述一系列的比对过程中，找出保存相对较好的窑洞民居聚落，详细调查并记录了现相对保存完整的23个村落。

图1-3　位于三门峡大营镇的大营村（1958年的卫星航拍图）

图1-4　位于三门峡大营镇的大营村（2013年的卫星航拍图）

图1-5　位于三门峡东凡乡的大北阳村（1958年的卫星航拍图）

图1-6　位于三门峡东凡乡的大北阳村（2010年的卫星航拍图）

图1-7　位于三门峡西张村镇的西张村（1958年的卫星航拍图）

图1-8　位于三门峡西张村镇的西张村（2010年的卫星航拍图）

图1-9　位于三门峡西张村镇的反上村（1958年的卫星航拍图）

图1-10　位于三门峡西张村镇的反上村（2012年的卫星航拍图）

第二部分　三门峡地区二十三个聚落

一、曹村

曹村坐落于张汴乡所在黄土塬的中部偏东，位于张汴村的东南，曲村的东北方向。曹村的东边紧挨着黄土塬的沟壑，因此村落的整体平面依地形而建，形成了同黄土塬边缘成对应关系的形态。村子的西边为一条南北向笔直的乡村公路，在公路的另一边，村子的西北方向为两排新盖的农家院住宅。图2-1为调研小组于2017年11月30日所拍摄的曹村航拍实景。

图 2-1 曹村航拍实景

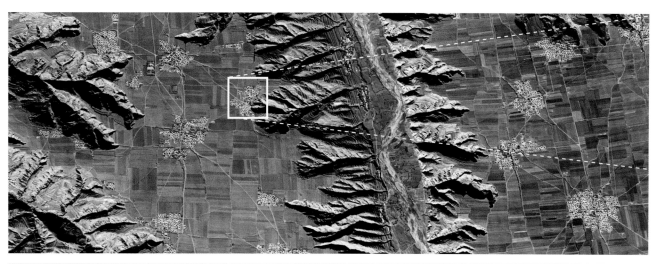

曹村隶属于河南省三门峡市陕州区张汴乡，现共存65个下沉窑洞院落（图2-2），有3个主要入口连接外部与村落，分别位于村子的北部、中部和南部。南、北两个入口所连接的道路为村子的主要干道，与中部入口的自西向东的道路汇集在村落的中间靠南部分，汇集处是村子的中心。通过将1969年与2014年的卫星航拍图（图2-3、图2-4）对比可以发现，村子北部的许多窑洞是在1969年之后新建的，而位于中部的从村中心到黄土塬崖岸的一片窑洞较为集中的区域已经废弃，大部分已被填埋。

图 2-2　曹村聚落窑院分布 ❶

图 2-3
三门峡陕县
张汴乡
曹村卫星图
（1969 年 12 月）

图 2-4
三门峡陕县
张汴乡
曹村卫星图（源自谷歌地图）
（2014 年 12 月）

❶ 将窑院从聚落平面图中抽离后得到的窑院分布图，展示了窑院间及其入口的位置关系。

村

镇

公

聚落入口

路

砖瓦房

天井窑

新建住房

0　20　50　100m

图 2-5　曹村测绘总平面

13

图 2-6
三门峡陕县
张汴乡
曹村航拍总平面 ❶
（2017 年 11 月 30 日）

❶ 书中 23 个聚落均按航拍实景、窑院分布、卫星图、测
绘总平面、航拍总平面、局部实景图为编排顺序，图片除
文中有特别说明外，其余均不在文中另说明。

图 2-7 从曹村北部入口进入后到达的一个地坑院。在地面上，以天井为中心向四周辐射出一片空地，空地之下是从天井院的四壁分别向黄土内部挖出的窑洞。为了保证窑洞的坚固，主人会定期用工具碾压窑洞上的黄土，因此形成了一圈没有植被但平整的黄土地面。在空地的四周种植有树木，作为相邻地坑院之间的边界。下行进入地坑院的入口一般位于场地的边缘。有的人家由于生活的需要，会在空地外侧加盖一座单层的小砖房

图 2-8　进入地坑院的入口是一段向下的坡道，是用砖加固后坡道两侧墙体的入口，地面也通过铺砖进行了修饰。入口大门的背后通向黄土下的窑洞。有些人家会在大门上方用瓦片打出一段屋檐遮蔽雨水，以减少水分浸入黄土造成墙体坍塌的危险

图 2-9　天井院内是不同的窑洞。受限于场地及天井的尺度，在天井院边角处有时会开凿出只有半个窑脸的窑洞，作卫生间或储藏柴火等杂物使用。从地面上看向天井院内，是地坑院主人的生活场景

图 2-10　曹村风貌记录，在地面天井的四周会筑起一圈低矮的拦马墙，墙内有时会埋入连通着地下窑洞的通风管道（组图）

图 2-11 曹村风貌记录，村子里散落着许多层层收进的砖塔，它们都是果窖的通风口（组图）

二、西窑村

西窑村隶属于三门峡市陕州区张汴乡，位于曲村的西侧。村落的北部紧邻沟壑，南边有乡村公路通过。村落中的窑洞民居布局相对规整，排列清晰。图2-12为调研小组于2015年11月29日所摄的西窑村航拍实景。

图 2-12　西窑村航拍实景

图 2-13　西窑村聚落窑院分布

西窑村大致有50年左右历史，因修建水库搬至于此。东北侧为峡谷坡地，西南侧为农耕用地。其西北侧为卢庄村，卢庄村、康庄村、乔庄村和西窑村共同组成一个大的村落。

西窑村村内共有12个地坑院，位于乡村道路北侧，主要分成三排窑院分布，如图2-13所示。通过对比1969年与2014年的卫星图（图2-14、图2-15）可以发现，西窑村从崖岸边整体向内迁移，原先的窑院被废弃、填埋，如今已成为耕田。保存较完整且有人居住的有1、3、5、7、9、11、12号窑院；保存较完整但无人居住的有2、4、8、10号窑院；荒废（或塌陷）无人居住的有6号窑院。地面入口多位于地坑院东侧，且位于中间部位（图2-16、图2-17）。窑洞多原始朴素，部分窑洞并不适用砖加固或装饰。院子多较狭小，且部分院子内部没有种植花果树木。村落整体具有生活气息，新建建筑位于地坑院周围。

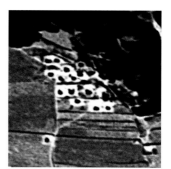

图 2-14
三门峡陕县
张汴乡
西窑村卫星图
（1969 年 12 月）

图 2-15
三门峡陕县
张汴乡
西窑村卫星图（源自谷歌地图）
（2014 年 12 月）

图 2-16
三门峡陕县
张汴乡
西窑村航拍图
（2015 年 11 月 29 日）

25

砖瓦房

天井窑

新建住房

0 10 30 50m

注：1、3、5、7、9、11、12 为保存完好且有人居住的窑院；2、4、8、10 为保存完好但无人居住的窑院；6 为荒废（或塌陷）无人居住窑院。

图 2-17 西窑村测绘总平面

图 2-18　西窑村局部航拍图景

图 2-19　西窑村 1 号窑院的院内、地上、立面（窑脸）

图 2-20　西窑村 11 号窑院的院内、地上、立面（窑脸）

图 2-21　位于村落边缘的窑院在地面上被一排密集的乔木划出边界，反映了内向性空间意向，与窑洞院落形成同构

图 2-22　为满足生活需要，居民往往在院落中用黄土或黄土砖筑起灶台

图 2-23　平整的地面与地坪之下的人与构筑物形成鲜明的对比

三、西过村

西过村位于张汴乡黄土塬的中部靠南位置。村落的西边紧邻黄土塬的沟壑，在沟壑的边线上有一条能够通车的道路，自村落的西北角顺着村子的边沿通向村落东侧的乡村公路。西过村的规模大，民居布局密集、清晰且规整，而且整体保存相当完整，平面的结构并没有发生较大的改变，是作为下沉式窑洞民居研究的较为理想的案例。图2-24为调研小组于2015年11月30日所摄的西过村航拍实景。

图 2-24　西过村航拍实景

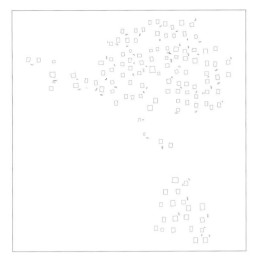

图 2-25　西过村聚落窑院分布

西过村隶属于三门峡市陕州区张汴乡，现存117个下沉式窑洞民居，窑院分布如图2-25所示。该数量在三门峡窑洞聚落中是一个相对大的数值，并且在近50年的发展中，并没有出现大规模填坑或新建地上住宅的状况，因此于2014年采集到的航拍图中所呈现的景象十分震撼。

该村落分为南、北两个部分，北半部窑院数量庞大，占总量的大多数，南部的窑院虽然数量不及北半部，但平面排列规整且紧凑。通过1969年和2014年的卫星航拍图（图2-26、图2-27）对比，可以观察到该村落的北部、西部和南部均有个位数新挖的窑洞。新增的窑院与已有的院落依然紧密排列，并填充了原先窑院之间的空隙，使得整个平面更加规整。

图 2-26
三门峡陕县
张汴乡
西过村卫星图
（1969 年 12 月）

图 2-27
三门峡陕县
张汴乡
西过村卫星图（源自谷歌地图）
（2014 年 12 月）

34

图 2-28
三门峡陕县
张汴乡
西过村航拍图
（2015 年 11 月 30 日）

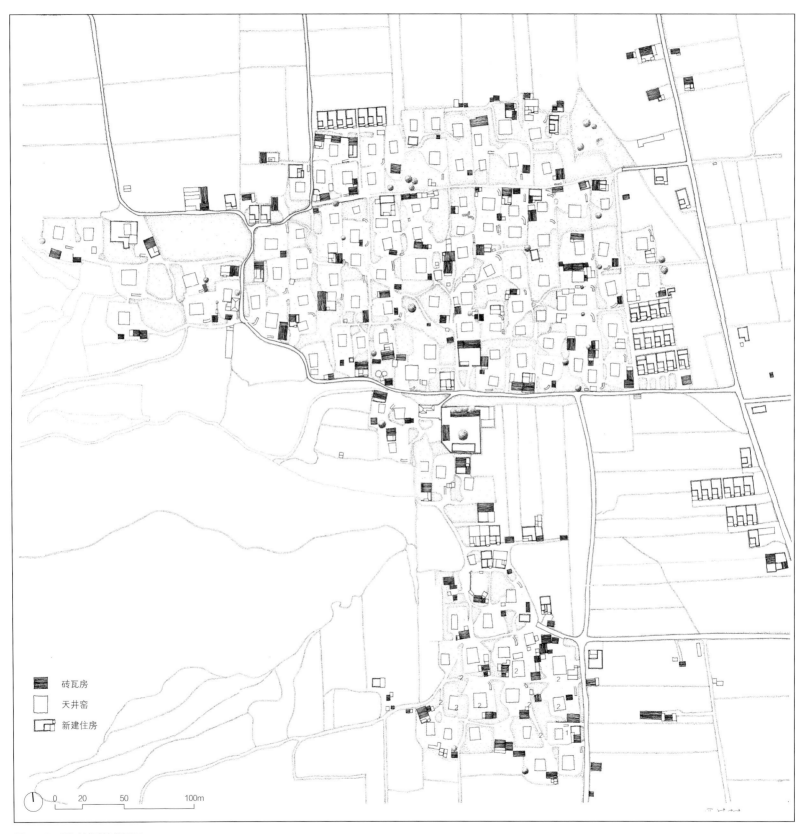

砖瓦房
天井窑
新建住房

图 2-29 西过村测绘总平面

36

图 2-30　后加建的砖房与窑院位
于地上拦马墙的砖砌形式形成风
貌上的统一

图 2-31　许多村民会选择在窑院
的中央栽种乔木，当乔木长成时
从地坪上便可远远看到其树冠部
分，它们成为某种类似门牌的标
志物

图 2-32 村落形成一段时间后，村民很少踏足之处植物逐渐茂盛，而窑洞民居的地坪作为下方窑洞的屋顶，被居民用石碾定期滚压，形成了一片平整的土地，这片场地中央是用几何硬边塑成的方形窑院，这种形式反映了人类对世界的理性认识

图 2-33 当窑院逐渐荒废时，植物再次生长，自然重新进入人造的场所

图 2-34　保存完好且具有典型性
特征的窑院内窑洞立面

图 2-35　西过村局部航拍图直观地显示了该村落窑洞民居的保存状况

图 2-36 西过村局部航拍图，窑洞的居住形式已经不再能满足现在农村的生活，村民们纷纷在窑洞周边盖起了砖房，形成了新的聚落形式

四、代村

代村位于张汴乡所在黄土塬的中部偏西，曲村的西南方向，西过村的东北方向。村子的西边紧挨黄土塬崖岸，东边为一条乡村公路。代村是一个较小村落，整体呈三角形平面。图2-37为调研小组于2015年11月30日拍摄的代村航拍实景。

图 2-37　代村航拍实景

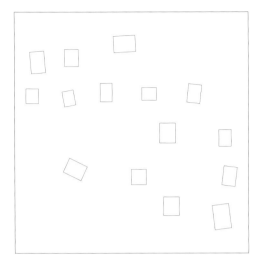

图 2-38 代村聚落窑院分布

代村是一个只有15个地坑院的小村落（图2-38）。其中，12个地坑院发生不同程度的坍塌，在这12个发生坍塌的地坑院中，仍有2个有人居住，其余3个保存完整。发生坍塌的窑院编号为3、4、6、7、8、9、10、11、12、13、14、15，发生坍塌但仍有人居住的窑院编号为3和4，保存完整且有人居住的窑院编号为1、2、5。村内可观察到的下行进入窑洞的入口均位于坑院天心的东南方位。存在三种入口的类型，分别为L型、U型和曲进型，其中L型最多，1、2、4号窑院均采用这种形式的入口；5号窑院采用U型入口；3号和8号窑院采用曲进型入口。

对比1969年与2014年的航拍图（图2-39、图2-40）可以看出，村子东边的道路为后修建的，早期进入村子是通过靠近崖岸一边平行于悬崖的一条道路，1号与4号窑院是在1969年之后修建完成的。

图 2-39
三门峡陕县
张汴乡
代村卫星图
（1969年12月）

图 2-40
三门峡陕县
张汴乡
代村卫星图（源自谷歌地图）
（2014年12月）

图例说明：

砖瓦房

天井窑

新建住房

0　10　　　30　　　50m

注：1、2、5号窑院保存较为完整，其余皆发生不同程度的坍塌。

图 2-42　代村测绘总平面图

48

图 2-43 代村 1 号窑院

图 2-44 代村 3 号窑院

代村 5 号窑院

　　该下沉式窑洞属于天井窑院制式中的北坎宅（主窑位于北立面，入口门洞在东南角），院落为较为瘦长的等腰梯形，上底（南立面）长度为7.5米，下底为8.1米，两腰长度为12.2米。站在院中观察，北立面有三孔窑洞，中央为主窑，形制完整，左右各挖出低矮的半窑，分别作为鸡圈和仓储用；东、西立面上均为3口窑洞，轮廓均较为完整；南立面为两孔窑洞，中央为完整轮廓的标准式窑洞，西侧为厕所。在院落中，东立面左起第1、2孔窑洞之间的靠墙搭设有灶台。从立面上看，该院落窑洞的数量为11孔，出现了奇数，这在当地的窑院民居中是极为少见的（当地传统中这种做法不吉利），实则为本应该出现在南立面东端的门洞向外侧偏移出了立面，而东立面上南端的窑洞向后退了一个门洞的距离，因此形成了这一较为特殊的院落。院中常年居住着祖孙三代，均为女性，并未在地上增建房屋。

图 2-45　从地面上看代村 5 号窑院

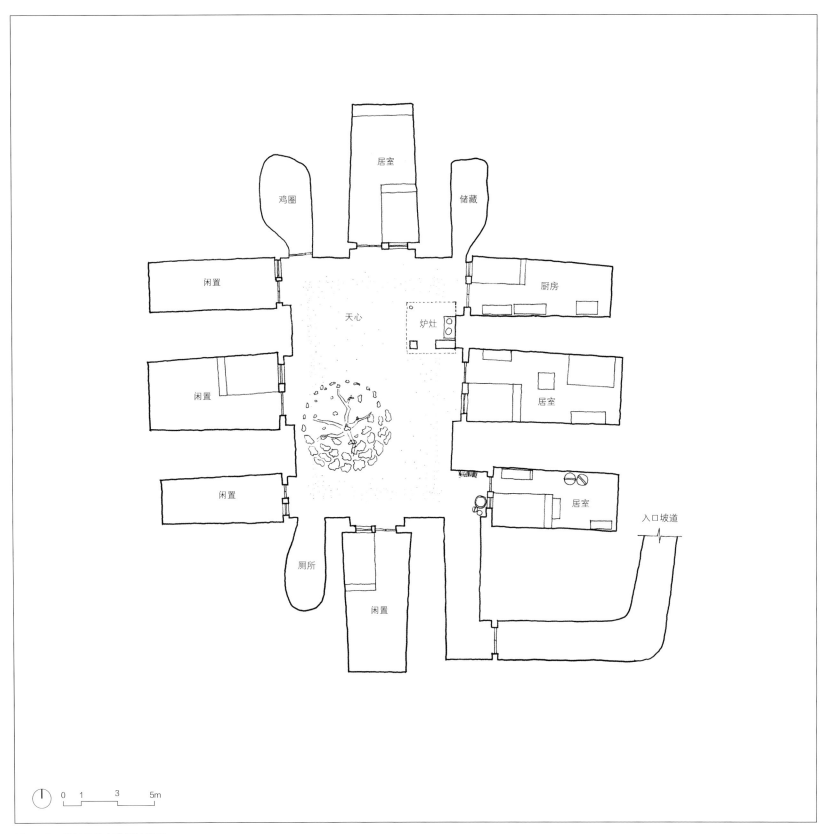

居室

鸡圈

储藏

闲置

厨房

天心

炉灶

闲置

居室

闲置

居室

入口坡道

厕所

闲置

0 1 3 5m

图 2-46 代村 5 号窑院测绘平面

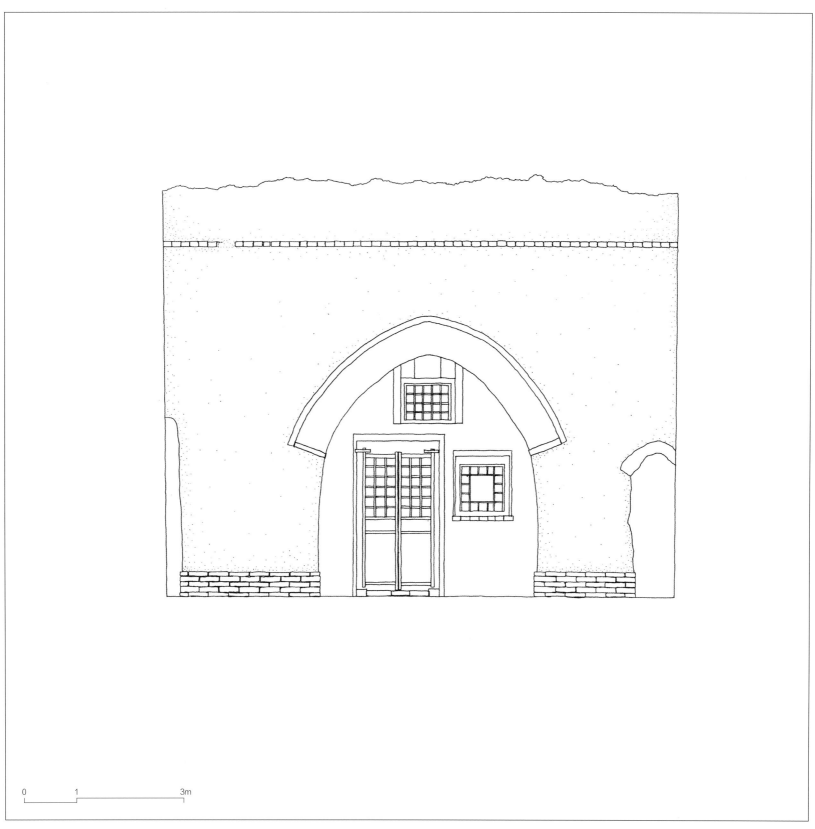

图 2-47 代村 5 号窑院测绘北立面

0　　1　　　　3m

图 2-48 从地面俯瞰代村 5 号窑院西立面

图 2-49　从地面俯瞰代村 5 号窑院内院落

图 2-50　从空中俯瞰代村窑院组合所获得的如抽象绘画般的构图

图 2-51　窑洞入口与砖房的位置关系

五、东窑院村／西窑院村

东窑院村、西窑院村为相距很近的两个村落，位于张村乡南部的黄土塬上，由一条南北向的乡村公路隔开。西窑院村为南北向的长条形，院与院之间整齐排列；东窑院村地坑院成弓形排列。图2-52为调研小组于2015年12月1日拍摄的东窑院的航拍实景。

图 2-52 东窑院航拍实景

图 2-53　东窑院村聚落窑院分布　　　图 2-54　西窑院村聚落窑院分布

东窑院村与西窑院村均为小型村落。东窑院共12个窑院，一条东西向连通西窑院村的道路从村子中间穿过，道路至村子的东段向南延伸，道路北部窑院按照东西方向排列，南面的窑洞则按照南北方向排列。大部分窑院仍有人居住，其中分布在道路南边的8、9、10号窑院靠近道路的一侧塌陷后，均在院内进行了加建（图2-53）。西窑院村靠近黄土塬的崖岸，南北向呈一定倾角，排列成两列，倾角与崖岸走向平行，靠近崖岸的一列有6个窑院，紧挨着的东边一列为3个，西边一列窑院从最北端开始向下排开（图2-54）。其中7号和9号窑院已经废弃，其余保存完整。

从1969年和2014年的卫星航拍图（图2-55、图2-56）中可以看到，在当时只有西窑院村存在，因此东窑院村是较为年轻的村落。

图 2-55
三门峡陕县
西张村镇
东、西窑院卫星图
（1969 年 12 月）

图 2-56
三门峡陕县
西张村镇
东、西窑院卫星图（源自谷歌地图）
（2014 年 12 月）

图 2-57　东窑院村与西窑院村的测绘总平面

砖瓦房

天井窑

新建住房

0　20　50　100m

图 2-58 东窑院村与西窑院村的航拍总平面。从航拍图中能够清晰地观察到，形成年代较早的西窑院聚落中各窑院的排列更为有秩序

63

图 2-59　左图为西窑院村 3 号窑院。村中的居民一般在窑洞的上方另盖一座砖房，村民叮以根据气候的变化随意选择住在地下窑洞或是地上砖房

六、上康庄村

上康庄位于张汴村所在黄土塬西部分支的末端，芦庄村的西北方向。村子由下康庄搬至此地形成，东侧及北侧为峡谷坡地，西侧及南侧地势平坦，用于农田耕作。图2-60为调研小组于2015年11月29日拍摄的上康庄村航拍实景。

图 2-60　上康庄村航拍实景

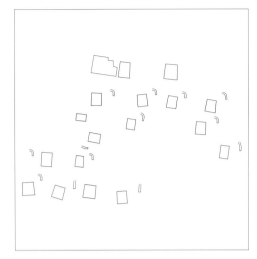

图 2-61　上康庄村聚落窑院分布

上康庄村内共有18个窑院，被道路分为南北两侧。南北两侧分别各有6个和8个窑院，成排分布。村内窑院整体保存完好（图2-61）。

村内保存不完整（或有塌陷）但仍有人居住的地坑院为9号窑院；保存较完整且有人居住的为2、3、4、5、7、13、14、18号窑院；保存较完整无人居住的为1、8、10、11、12号窑院；荒废（或塌陷）且无人居住的为6、15号窑院；16、17号院为一面塌方后形成的靠崖式窑院。地面入口方位大多位于窑院的东北方向或者东向，入口分别位于角部或中间。窑院立面上的门洞有尖拱券和圆洞两种形式。大多数窑院的地上部分设有一圈拦马墙，拦马墙与地面交界处有房檐。窑院四周、入口和立面洞口处多用砖砌筑坚固。院内多种花果蔬菜，内院大都打理较好，亦有果树种植。

对比1969年与2014年的卫星航拍图（图2-62，图2-63），可以发现，大部分的窑院为1969年后新建，且整体从崖边向内迁移。

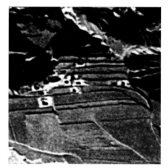

图 2-62
三门峡陕县
张汴乡
上康庄村卫星图
（1969 年 12 月）

图 2-63
三门峡陕县
张汴乡
上康庄村卫星图（源自谷歌地图）
（2014 年 12 月）

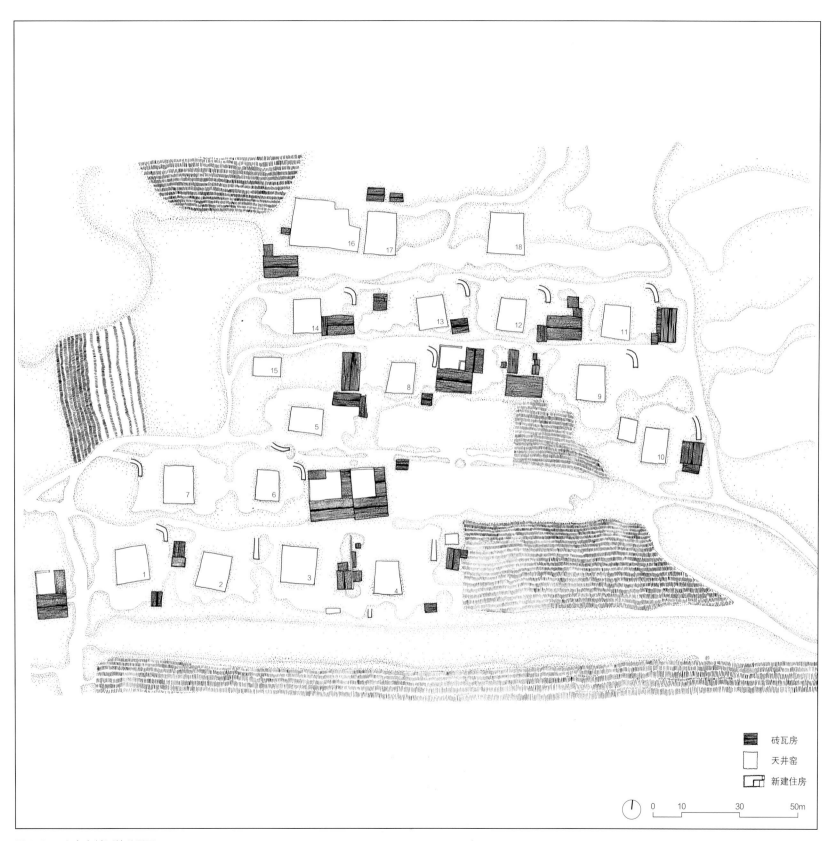

图 2-64　上康庄村测绘总平面

砖瓦房

天井窑

新建住房

0　10　30　50m

图 2-65
三门峡陕县
张汴乡
上康庄村航拍图
（2015 年 11 月 30 日）

图 2-66 上康庄村杨氏老人窑院地上景象

图 2-67　上康庄村杨氏老人窑院入口

图 2-68 上康庄村 4 号窑院内景象（组图）
图 2-69 上康庄村 4 号窑院的院落（右图）

74

七、樊坡村

樊坡村位于西张村所在黄土塬的南部，西北方向为王坡村，南部紧邻赵坡村。村子在主道路的东部，东南部为峡谷，其他方位由耕地环绕。樊坡村是一个中型村落，天井窑院主要分布在道路东侧靠近崖岸的平地上，乡村公路两侧盖有小片农家院。图2-70为调研小组于2015年11月30日所摄的樊坡村航拍实景。

图 2-70　樊坡村航拍实景

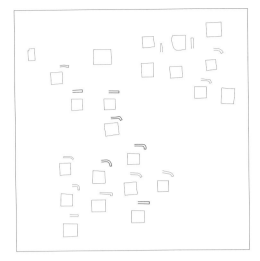

图 2-71　樊坡村聚落窑院分布

樊坡村现存23口天井窑院（图2-71），大都保存完整。该村的窑院大多为方形，为10孔8窑的形制，排列紧凑。下行进入窑洞的入口多在窑院天心的东北方位，14号院入口位于东南方，15号院的入口位于窑院天心东方，进入窑洞的甬道多为U型，少数为L型（图2-74）。

村内窑洞聚集的部分被道路分成三个部分，位于中间的是一条从乡村公路延伸进村子的东西向道路，此为村子的主要入口，该道路行至东端后向南转弯，沿着崖岸的走势延续。另一条道路从村子的中间南北向展开，与进入村子的主要道路汇合。

对比1969年与2014年卫星航拍图可以看出，樊坡村的9号和13号窑院为1969年之后修建，原本从村落正南方延伸出的道路已被废弃（图2-72、图2-73）。

图 2-72
三门峡陕县
西张村镇
樊坡村卫星图
（1969 年 12 月）

图 2-73
三门峡陕县
西张村镇
樊坡村卫星图（源自谷歌地图）
（2014 年 12 月）

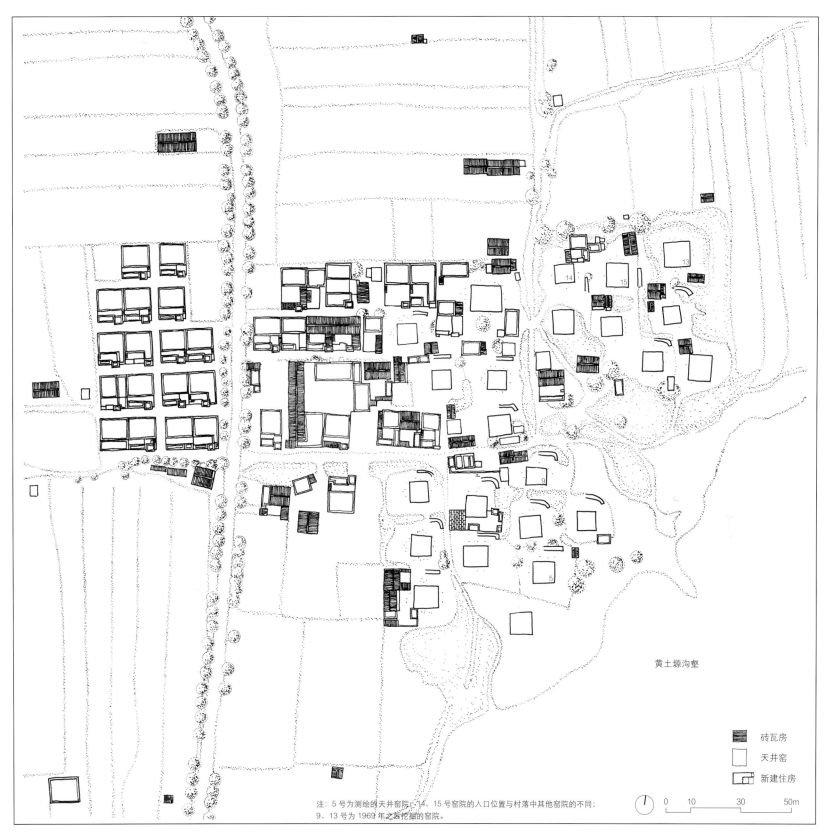

注：5 号为测绘的天井窑院；14、15 号窑院的入口位置与村落中其他窑院的不同；
9、13 号为 1969 年之后挖掘的窑院。

砖瓦房
天井窑
新建住房

0 10   30   50m

图 2-74 樊坡村测绘总平面

黄土塬沟壑

图 2-75
三门峡陕县
西张村镇
樊坡村航拍图
（2015 年 11 月 30 日）

樊坡村 5 号窑院

樊坡村5号窑院为20世纪70年代由现居的老人与亲戚一同修挖的，现在只留有老人独自居住，子女均在外地生活。

院内共10个窑洞（包括入口），其窑洞内部东、西两个立面更接近于平行，西立面较长，院落的平面整体近似等腰梯形。入口在院落北面的平地上，人进入窑院时，经两次90°转角，自院落的东北角进入。院落中央用砖围砌出花园（菜地），外圈的过道有较为平整的铺砖。

图 2-76 樊坡村 5 号窑院西立面

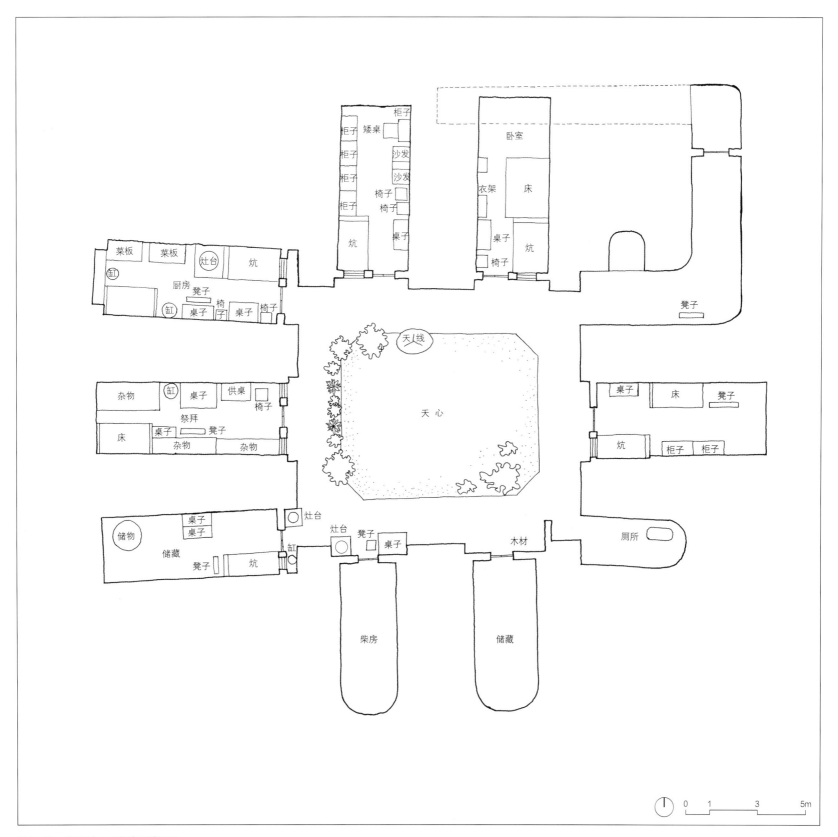

柜子
矮桌
柜子
柜子　沙发
卧室
柜子　沙发
衣架　床
柜子　椅子
椅子
炕　桌子
桌子　炕
椅子

菜板　菜板　灶台　炕
缸
厨房　凳子
缸　桌子　椅子　桌子　椅子

凳子

天线

杂物　缸　桌子　供桌
椅子
祭拜
床　桌子　凳子
杂物　杂物

天心

桌子　床　凳子

炕
柜子　柜子

灶台
桌子
桌子
储物
灶台　凳子　桌子
储藏
凳子　炕
缸

厕所

柴房　储藏　木材

0　1　3　5m

图 2-77　樊坡村 5 号窑院测绘平面

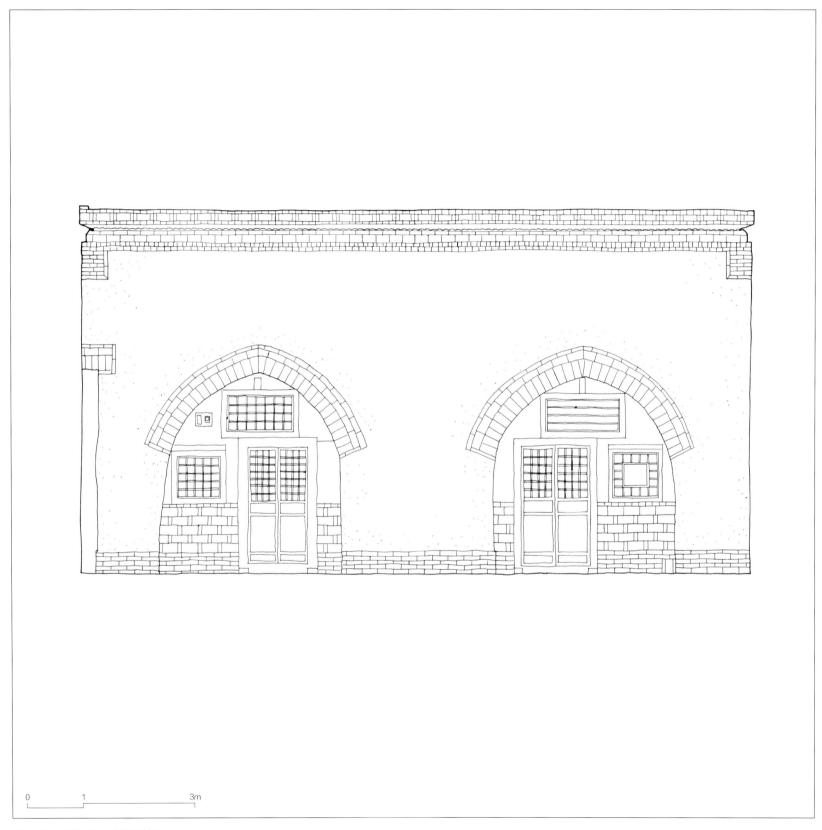

图 2-78 樊坡村 5 号窑院测绘北立面

图 2-79　樊坡村 5 号窑院西测绘立面

图 2-80　在院落中看樊坡村 5 号窑院南立面

图 2-81　进入地下窑院的入口

图 2-82　樊坡村 5 号窑院窑洞内的场景

图 2-83　从窑洞内望向院落

八、小刘寺村

小刘寺村隶属于三门峡市陕州区张汴乡，位于该乡的中部偏南，大刘寺村的北边。村落南边有乡村公路，有两条可行驶车辆的道路分别沿着村子西边的轮廓和村子的中央穿过后通向公路。村落四周耕地环绕，东边约100米为黄土塬的崖岸。图2-84为调研小组于2015年11月30日所摄的小刘寺村航拍实景。

图 2-84　小刘寺村航拍实景

图 2-85　小刘寺村聚落窑院分布

小刘寺村现存下沉式窑洞民居共41个（图2-85），整体保存完好，布局较为密集，相互之间没有明显的边界，这一特点在聚落的中部和西部的窑院上有更明显的体现。院落的排布并不十分整齐，相互之间隐约可以看到轴线，但相互之间存在错动。

将2014年采集到的卫星航拍图和1969年的卫星航拍图进行对比，可以看到村落整体布局没有发生太大的改变，北部略有增修窑院，西南部有窑洞被填埋。南部出现了新建的联排农家院，西南角有正在施工的大型私人别墅（图2-86、图2-87）。

图 2-86
三门峡陕县
张汴乡
小刘寺村卫星图
（1969 年 12 月）

图 2-87
三门峡陕县
张汴乡
小刘寺村卫星图（源自谷歌地图）
（2014 年 12 月）

图 2-88
三门峡陕县
张汴乡
小刘寺村航拍图
（2015 年 11 月 30 日）

93

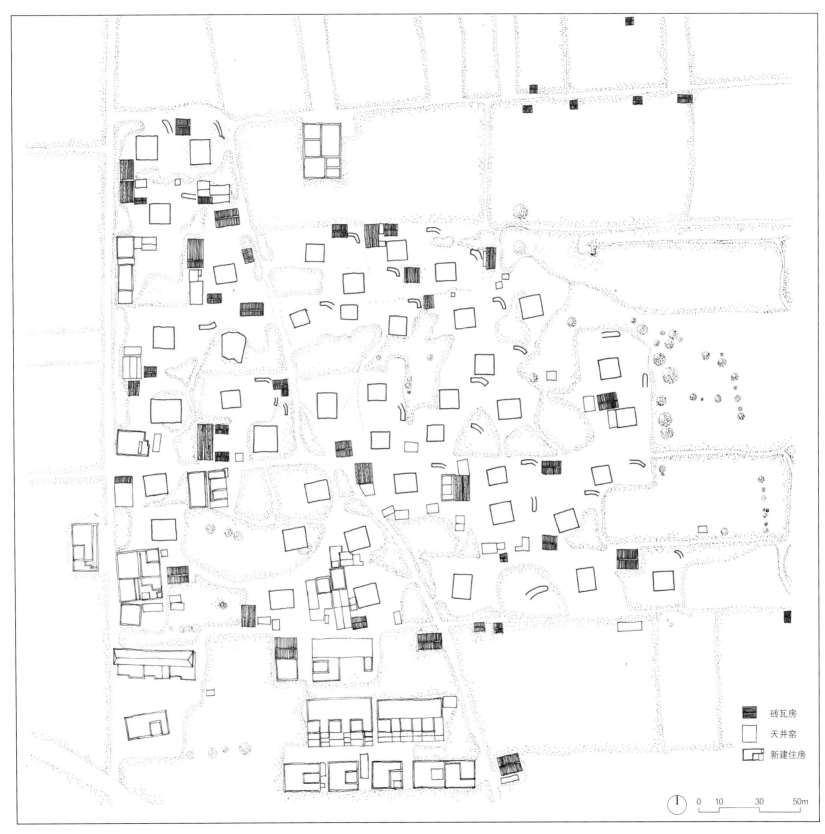

砖瓦房

天井窑

新建住房

0　10　30　50m

图 2-89　小刘寺村测绘总平面

图 2-90　小刘寺村单个窑院周边关系

图 2-91　小刘寺村局部窑院分布关系

图 2-92　小刘寺村冬季雪后的场景（组图）
村民冬天用塑料布盖在窑院的墙头，以防积雪压落砖瓦。

图 2-93　小刘寺村 4 号窑院（组图）
冬日的雪后村民会及时处理窑院上方的积雪

九、窑底村

窑底村隶属于三门峡市陕州区张汴乡，位于张汴村镇街道的西北方向。村落南侧和西侧靠近沟壑，四周耕地环绕。图2-94为调研小组于2015年11月29日所摄的窑底村航拍实景。

图 2-94 窑底村航拍实景

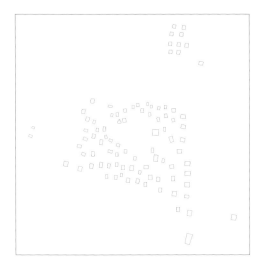

图 2-95　窑底村聚落窑院分布

窑底村的规模接近西过村，同属于大型村落，院落的排布方式也与之接近，原本同样可以作为窑洞民居研究的范例样本，但在村落的中心位置出现了一大片空地，为被填埋的窑洞住居原址（图2-95）。

通过将1969年卫星航拍图和2014年的卫星航拍图对比，可以看出，原本的村落一直蔓延到南边的黄土塬崖岸，并且在村落的北面和西面有围墙包围着村子，可见窑底村曾经的窑洞规模大于现今（图2-96、图2-97）。

图 2-96
三门峡陕县
张汴乡
窑底村卫星图
（1969 年 12 月 ）

图 2-97
三门峡陕县
张汴乡
窑底村卫星图（源自谷歌地图）
（2005 年 12 月 ）

图 2-98
三门峡陕县
张汴乡
窑底村航拍图
（2015 年 11 月 30 日）

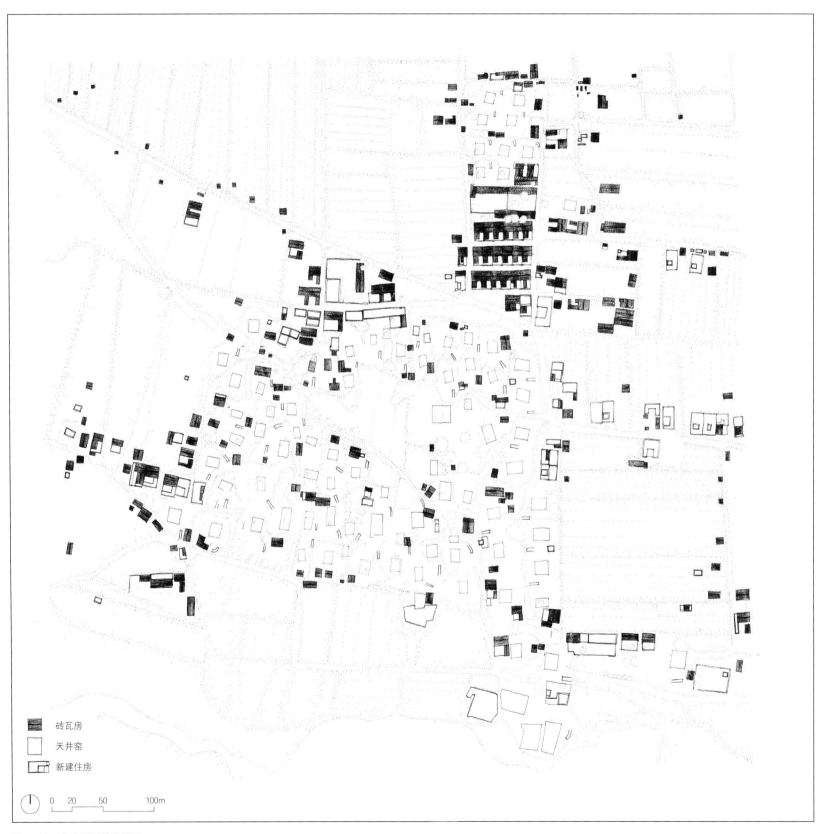

砖瓦房

天井窑

新建住房

0   20   50   100m

图 2-99　窑底村测绘总平面

图 2-100　窑底村地下窑洞局部鸟瞰窑洞分布关系

图 2-101　单个窑院（图中左侧方形）与入口（图中右侧长方形）的关系

图 2-102　窑底村一个面积较小的窑院，地上加建的砖房位于窑院的对角线上

图 2-103　窑底村相邻较近的一组窑院群落
从地面上看，窑院之间并未出现明显的边界，只通村植树的方式暗示了户与户之间的界线。

图 2-104　窑院地上景象
村民会将农作物（如玉米）晒在窑院的边上，反映出人的领地意识。

图 2-105 窑底村不同窑院立面的微差（组图）

图 2-106　窑院与入口的不同位置关系（组图）

十、赵坡村

赵坡村隶属于三门峡市陕州区西张村镇，位于西张村镇管辖区域的南部。村落的东部紧邻沟壑，有一条乡村公路沿沟壑的边缘穿过，其他周边处被耕地所包围。图2-107为调研小组于2015年11月30日所摄的赵坡村航拍实景。

图 2-107　赵坡村航拍实景

图 2-108　赵坡村聚落窑院分布

赵坡村现存地下窑洞20个。此聚落窑院排列十分整齐，地势南高北低，如梯田一般地坐落在每级的平地上（图2-108）。新农村建设的平房在村子最北边依然整齐排列着，聚落平面给人以严格的规划感，耕地分布在村外。村落选址在山脉的收束处，东边不远处是山谷，西边则紧邻山谷。村西为南北向公路，有三条支路向东进村，其中南北两条路在窑洞聚落的南端和北端，中间的入口需要行人登高，不是很显眼，但有商店为标志。

对比1969年与2014年的卫星航拍图，可以发现赵坡村住户有所增加（图2-109、图2-110）。

图 2-109
三门峡陕县
张汴乡
赵坡村卫星图
（1969 年 12 月）

图 2-110
三门峡陕县
张汴乡
赵坡村卫星图（源自谷歌地图）
（2014 年 12 月）

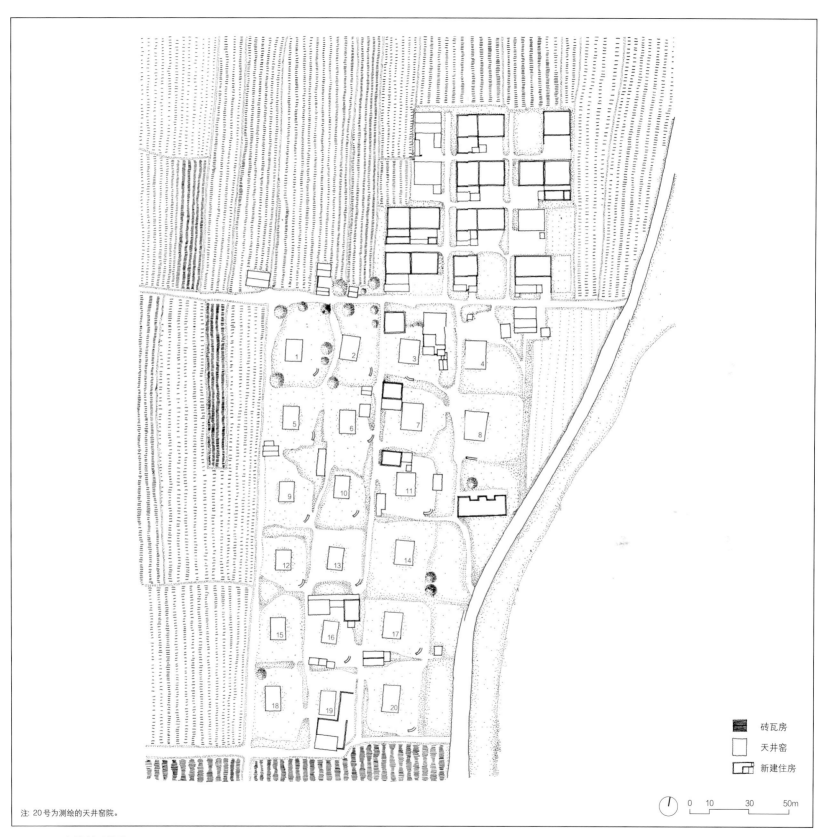

注：20号为测绘的天井窑院。

砖瓦房

天井窑

新建住房

0　10　　30　　50m

图 2-111　赵坡村测绘总平面

图 2-112
三门峡陕县
张汴乡
赵坡村航拍图
（2015 年 11 月 30 日）

赵坡村 20 号窑院

赵坡村20号窑洞位于村落的东南角，保存完好，院落中充满生活气息，各个房间都在被使用。

该下沉式窑洞的入口位于院落的东南角，连通地面的入口坡道向外拐90°。进入沉于地下的院落后，面对的北面3孔窑洞从修建的完整度上可分出主次，中央的1孔为主窑，洞口上方有土砖拱，门在中央，左右两侧有窗。西侧的窑洞为储藏用，东侧的则是厕所。西侧三孔窑洞修建程度都很完整，靠北的两孔窑洞窗户均在门的右侧，靠南的窗户在门的左侧。窑洞的南立面与北立面遥相呼应，中央的窑洞也有两个窗户。西立面上靠近入口的窑洞门面上无土砖拱，做储藏室用，其余两孔修建完善，窗户位于门的左侧，与东立面相呼应。同时，赵坡村的多数窑院保存完好，如12、16号窑院等。

图 2-113 站在赵坡村 20 号窑院内南端向北望去的场景

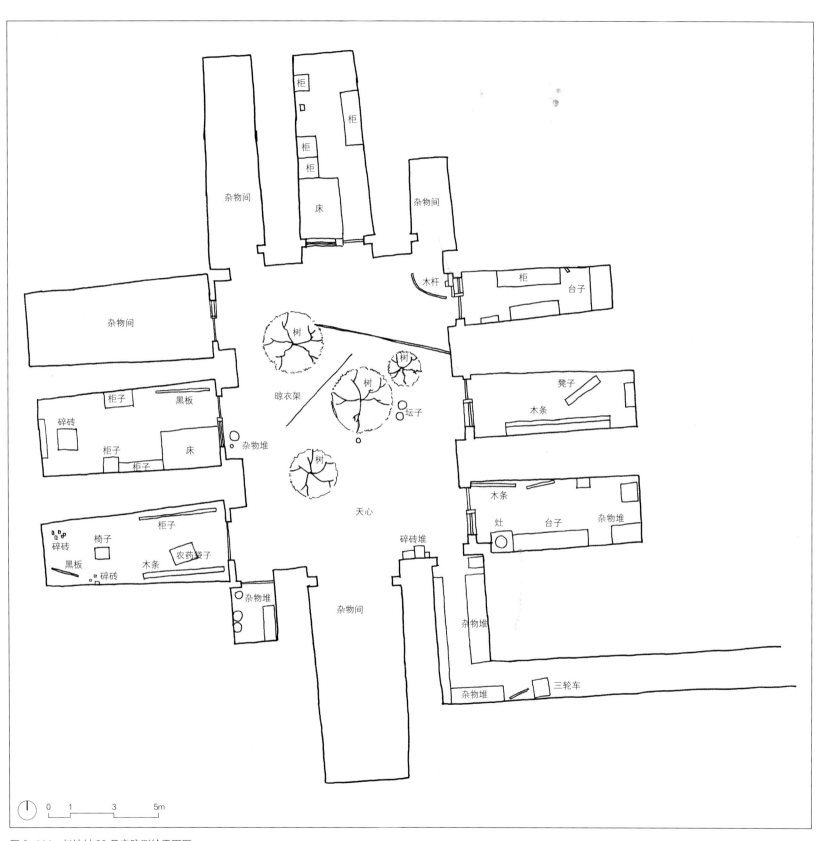

图 2-114 赵坡村 20 号窑院测绘平面图

图 2-115　站在窑院上方看
窑院后加建平房

图 2-116　窑院西立面场景

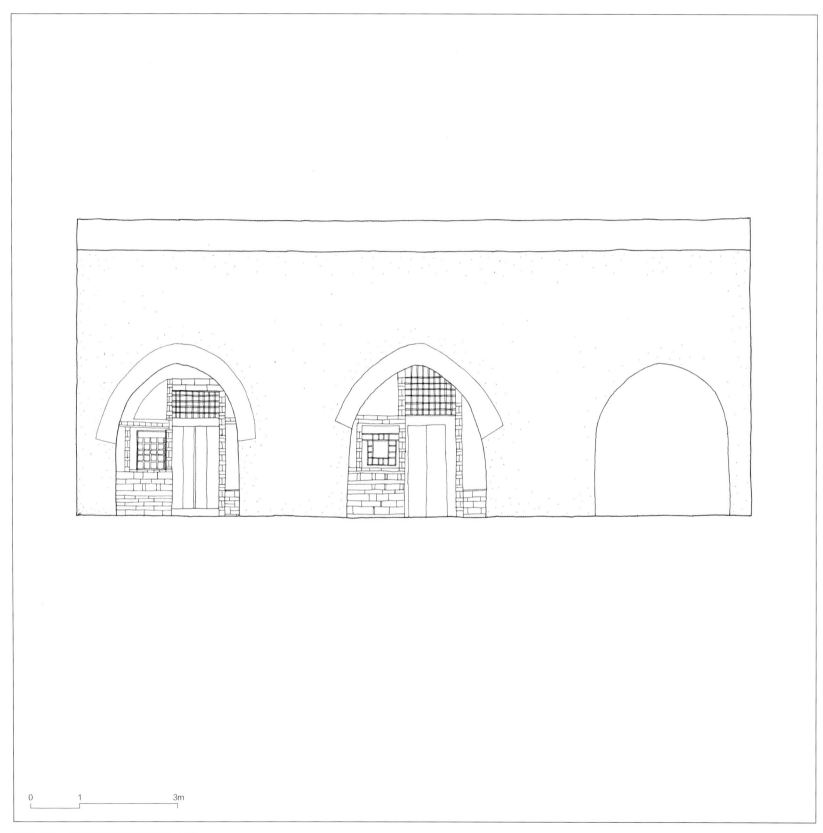

0　　　1　　　　　　3m

图 2-117　赵坡村 20 号窑院测绘南立面

图 2-118 赵坡村
20 号窑院内的不同
窑洞（组图）

图 2-119　窑洞与地上加建房屋的关系

图 2-120　赵坡村 16 号住户窑洞立面 1

图 2-121　赵坡村 16 号住户窑洞立面 2

120

图 2-122　窑洞上方的景象

图 2-123　赵坡村 12 号住户窑洞立面 1

图 2-124　赵坡村 12 号住户窑洞立面 2

十一、反上村／反下村

反上村与反下村为相隔很近的两个村落，由于远离城市并且需要翻越黄土塬的沟壑，因此保留了较为完整的地坑院聚落形态。图2-125为调研小组于2015年12月1日所摄的反上村航拍实景。

图 2-125　反上村航拍实景

图 2-126　反上村聚落窑院分布

图 2-127　反下村聚落窑院分布

反上村位于西侧，道路沿村子的边缘从东北方向进入，是一个小型村落。反上村共9个窑洞（图2-126），8号窑洞单独位于村子南部，与整体呈疏离的状态。

反下村位于东侧，村子的东部紧临乡村公路。村子共22个天井窑洞（图2-127），排列规整紧密，保存完好。几乎每一户都在窑洞上方的土地上新盖了房子，但他们仍然会在冬季或夏季选择在窑洞中居住。

通过对比1969年与2014年的卫星航拍图（图2-128、图2-129）可以发现在两村之间出现了一条道路，而后出现的窑院均在靠近道路的位置。

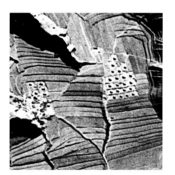

图 2-128
三门峡陕县
西张村镇
反上村、反下村卫星图
（1969 年 12 月）

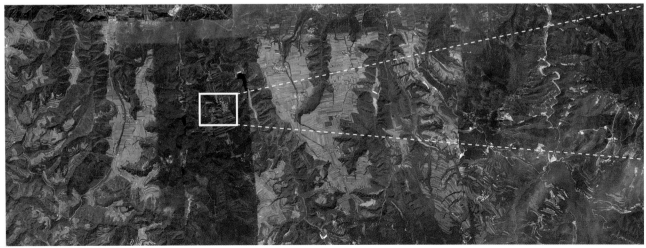

图 2-129
三门峡陕县
西张村镇
反上村、反下村卫星图（源自谷歌地图）
（2014 年 12 月）

砖瓦房

天井窑

新建住房

0 10 30 50m

图 2-130 反上村与反下村测绘总平面

图 2-131
三门峡陕县
西张村镇
反上村、反下村航拍图
（2015 年 11 月 30 日）

反上村 5 号杨氏老人窑洞

杨氏老人窑洞为20世纪80年代修建,修建人为杨氏老人及其两个儿子。该窑洞为天井窑院形制中的东镇宅❶,10孔8窑。窑洞上方砌有拦马墙,天心❷的中央为花坛。图2-132为杨氏老人窑院内的场景。

❶ 东立面为主窑,入口位于窑院的正南。
❷ 天井窑院的院落。

图 2-132　反上村 5 号杨氏老人窑洞

128

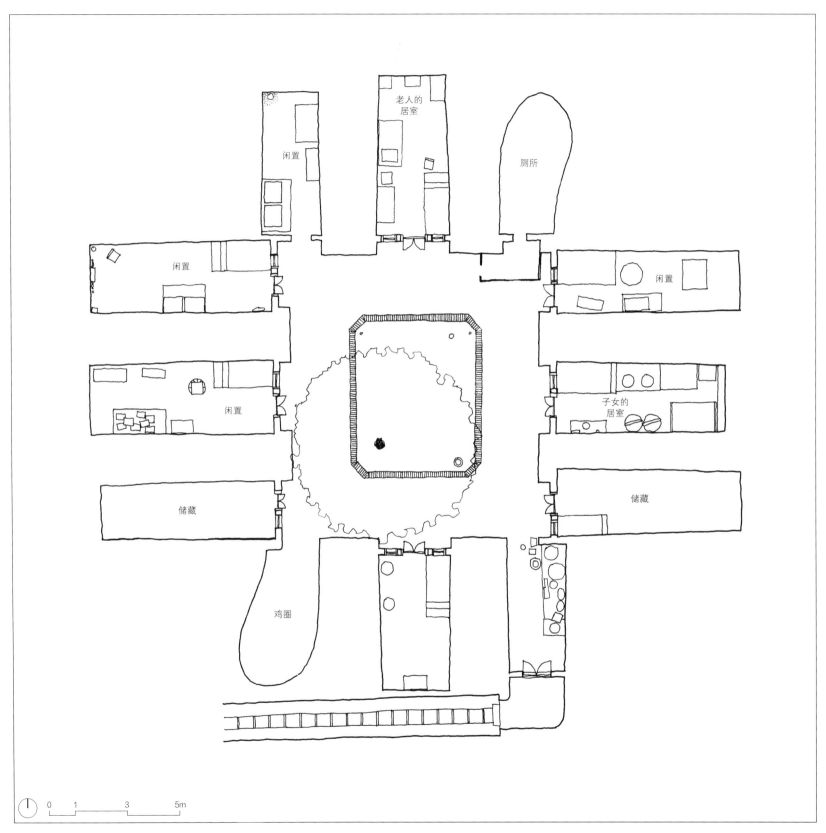

图 2-133　反上村 5 号杨氏老人窑洞测绘平面

老人的
居室

厕所

闲置

闲置

闲置

闲置

子女的
居室

储藏

储藏

鸡圈

0　1　　3　　5m

130

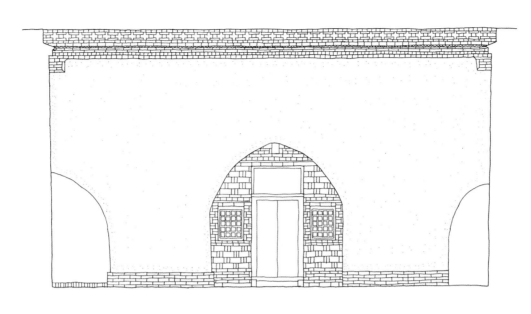

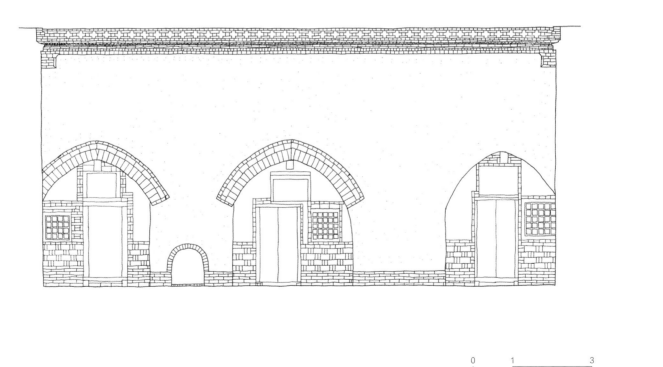

图 2-134　反上村 5 号窑院测绘南、西立面

图 2-135　杨氏老人子女的住屋

图 2-136　杨氏老人的住屋

图 2-137　用黄土饰面的拦马墙做法

图 2-138　入口与窑院的位置关系

图 2-139 窑院民居与人的尺度对比关系

十二、小高坡村

　　小高坡村窑洞聚落保存较为完整，绝大部分院落还有人居住，并且没有在院落上方建造地上住宅。聚落形态呈现三列，靠崖边的一列顺着崖岸的弧度排列，远离崖岸的一列则呈一条直线排布。图2-140为调研小组于2015年12月1日所摄的小高坡村航拍实景。

图 2-140　小高坡村航拍实景

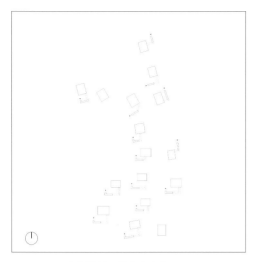

图 2-141　小高坡村聚落窑院分布

小高坡村隶属于三门峡市陕州区西张村镇的南部，地理位置并不是最靠南的，但由于地形原因，公路需尽量避免翻越沟壑，因此小高坡村为西张村镇管辖范围内车行距离最远的村落。由于远离城市且交通不便，因此窑洞的保存也相对完好。

图2-141中所示小高坡村的入口多位于窑院的西南方，从1969年与2014年的卫星航拍图（图2-142、图2-143）中可得知，小高坡村的村民最开始选择在靠近崖边的区域定居，这与耕地的面积相关。

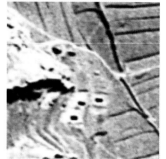

图 2-142
三门峡陕县
西张村镇
小高坡村卫星图
（1969 年 12 月）

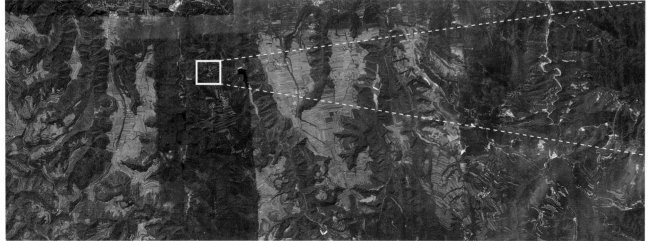

图 2-143
三门峡陕县
西张村镇
小高坡村卫星图（源自谷歌地图）
（2014 年 12 月）

图 2-144
三门峡陕县
西张村镇
小高坡村航拍图
（2015 年 11 月 30 日）

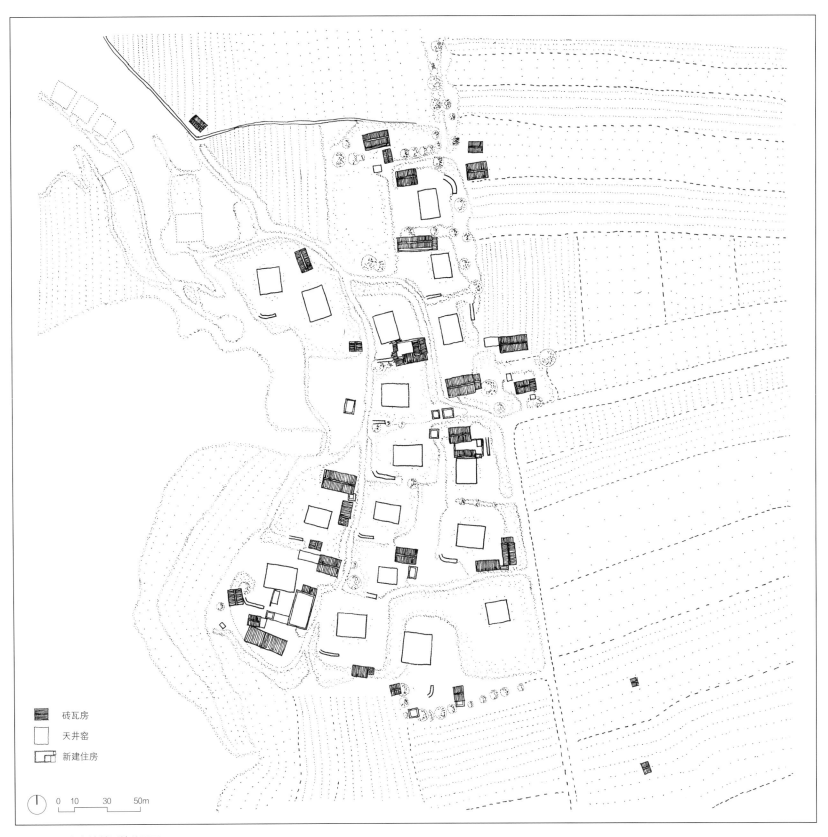

图 2-145 小高坡村测绘总平面

砖瓦房
天井窑
新建住房

0 10 30 50m

图 2-146　窑洞居民生活 1

图 2-147　窑洞居民生活 2

图 2-148　窑院上竖起的天线说明通信介入的优越性

图 2-149　村民在紧靠窑院处修建砖房，将下部的窑洞填埋

十三、卢庄村

卢庄村位于张汴乡所在黄土塬中部偏东的一脉分支上，坐落于上康庄村和西窑村之间。村落的东部紧挨土塬崖岸。整个村落长轴方向为东西向（有倾角）。图2-150为调研小组于2015年11月29日所摄的卢庄村航拍实景。

图 2-150　卢庄村航拍实景

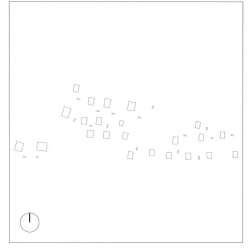

图 2-151　卢庄村聚落窑院分布

卢庄村隶属于三门峡陕州区张汴乡，现存下沉式窑院共23个（图2-151），总体保存完整，多数窑洞中仍有人居住或作为储物使用，只有3口窑院被弃置荒废。

卢庄村聚落的整体分布为东西向较长，一条公路从村落的南边自村落长轴方向的中部进入，公路在与第一个窑院相交后，继续向西至村落的边沿后向北拐去。按照窑洞入口位置分类，村子南部入口处东部的窑院均从东立面的中央进入（1~9号），其余多从南立面进入。面积最大的为19号院，天心面积为198.24平方米；8号窑院的天心面积最小，为68.36平方米；卢庄村窑院的平均面积为106.08平方米（图2-155）。

通过对比1969年与2014年的卫星航拍图（图2-152、图2-153），可以发现卢庄村的居民逐渐从靠近崖边的位置向内搬迁。

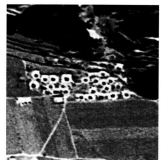

图 2-152
三门峡陕县
张汴乡
卢庄村卫星图
（1969 年 12 月）

图 2-153
三门峡陕县
张汴乡
卢庄村卫星图（源自谷歌地图）
（2014 年 12 月）

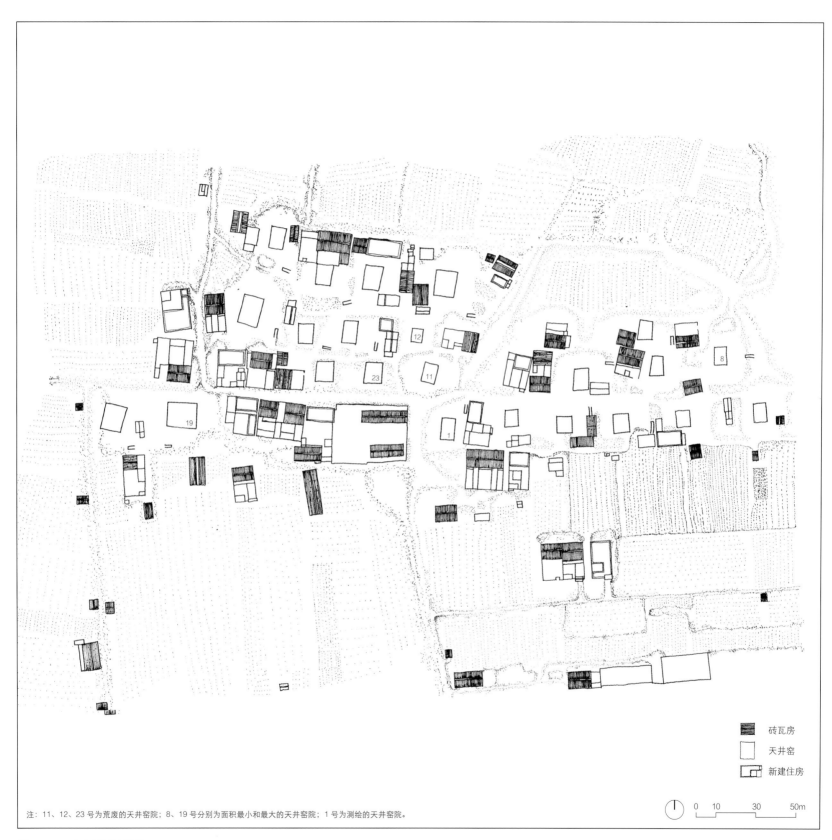

図例

	砖瓦房
	天井窑
	新建住房

0　10　30　50m

注：11、12、23号为荒废的天井窑院；8、19号分别为面积最小和最大的天井窑院；1号为测绘的天井窑院。

图2-154　卢庄村测绘平面

图 2-155
三门峡陕县
张汴乡
卢庄村航拍图
（2015 年 11 月 30 日）

卢庄村 1 号窑院

卢庄村1号窑院位于村落入口处右方。

该下沉式窑院的入口位于院落的东北角，在连通地面的入口坡道向外拐近90°的转角处。从院落东立面的正中进入沉于地下的院落后，正面对着北面的3孔窑洞。窑院的东、西两个立面各有三孔窑洞，南北立面则各为一孔，做饭用的灶台位于院落的东南角。院内有位80岁的独居老人，老人原是郑州人，50余年前与当地人结婚后定居于此。老人平日居住在南立面上一个窑洞中。

图 2-156　卢庄村 1 号窑院院内场景

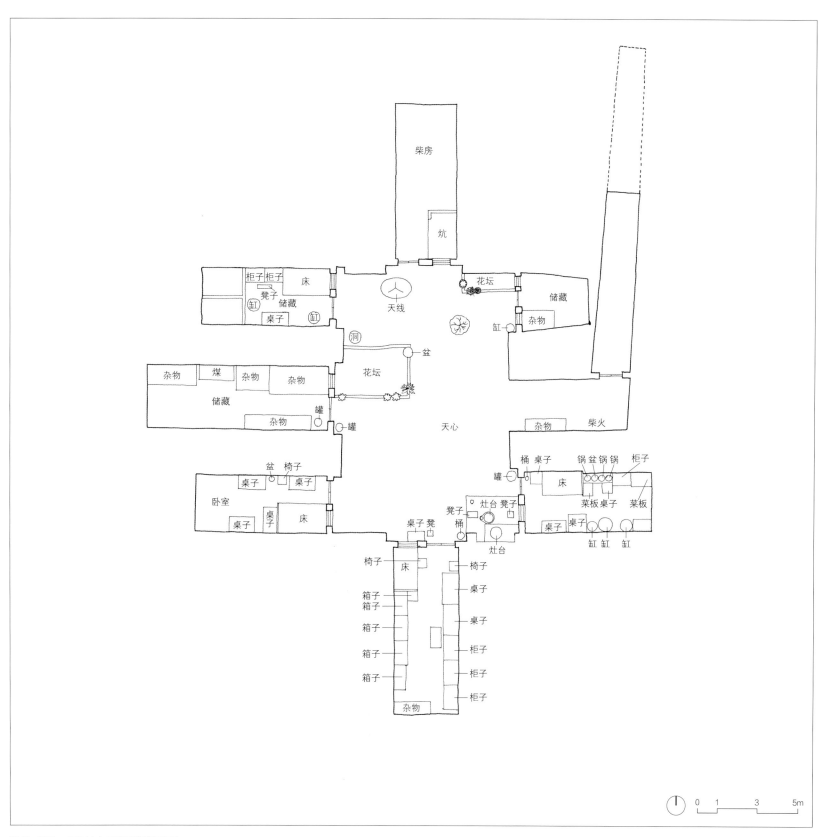

柴房

炕

柜子 柜子 床
凳子
缸 储藏
桌子 缸

天线

花坛
储藏
缸 杂物

洞
盆

杂物 煤 杂物 杂物
储藏
杂物
罐
罐

花坛
天心

杂物 柴火

桶 桌子 锅 盆 锅 锅 柜子
罐 床
菜板 桌子 菜板

盆 椅子
桌子 桌子

卧室
灶台 凳子 桌子 桌子
桌子
桌子 床 凳子 桌子 桌子
桶 缸 缸 缸
桌子 凳子 灶台

椅子 床 椅子
桌子
箱子
箱子 桌子
箱子
箱子 柜子
箱子 柜子
杂物 柜子

0 1 3 5m

图 2-157 卢庄村 1 号窑院测绘平面

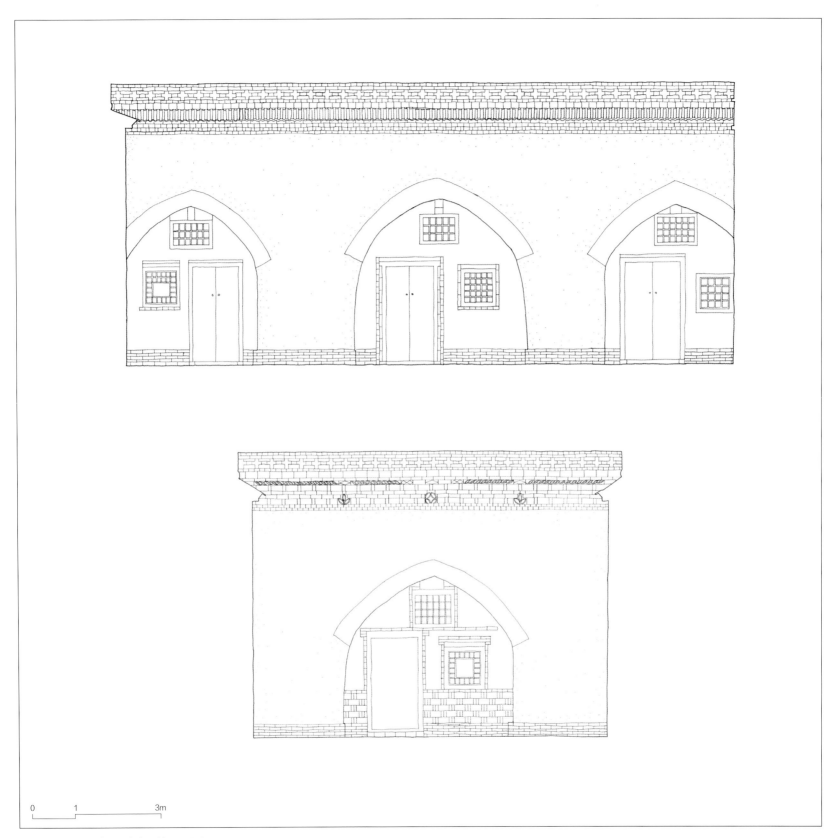

图 2-158　卢庄村 1 号窑院测绘西、北立面

图 2-159 居民与窑洞的尺度关系

图 2-160　住民生火做饭所用的灶台

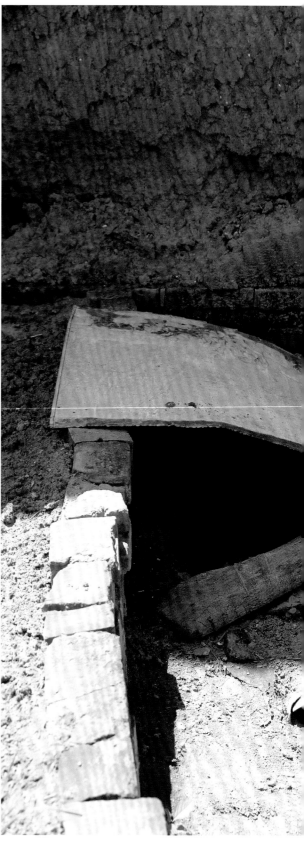

图 2-161　萝卜窖

图 2-162 排水井

图 2-163　窑洞地上的谷堆

图 2-164　窑洞入口 1

图 2-165　窑洞入口 2

图 2-166　窑洞入口 3

十四、庙上村

庙上村隶属于西张村镇，位于张村的南方，南邻黄土塬的崖岸，是一个窑院分布很多的村落。庙上村天井窑院数量多、排布整齐且保存较为完好。图2-167为调研小组于2015年11月30日所摄的庙上村航拍实景。

图 2-167　庙上村航拍实景

图 2-168　庙上村聚落窑院分布

进入庙上村的公路位于村子的西南角，自西进入，靠近黄土塬的崖岸。入口处有一水泥空地用于停车，此处也是村落南部已经被承包开发成为旅游景点的两排天井窑院的入口（如图2-168所示，右下部分为景点区）。景点区的城墙为针对旅游而修建的，区域内的窑院为了突出特色，被修建为地下连通的串联窑院，已无村民居住。村落的西北和东北部新修建了成排的农家院（图2-169、图2-170），大部分村民居住在农家院内的同时也会居住在窑洞内，多数窑院仍保持被使用的状态。居民多数人姓赵，信仰天主教。

图 2-169
三门峡陕县
西张村镇
庙上村卫星图
（1969 年 12 月）

图 2-170
三门峡陕县
西张村镇
庙上村卫星图（源自谷歌地图）
（2014 年 12 月）

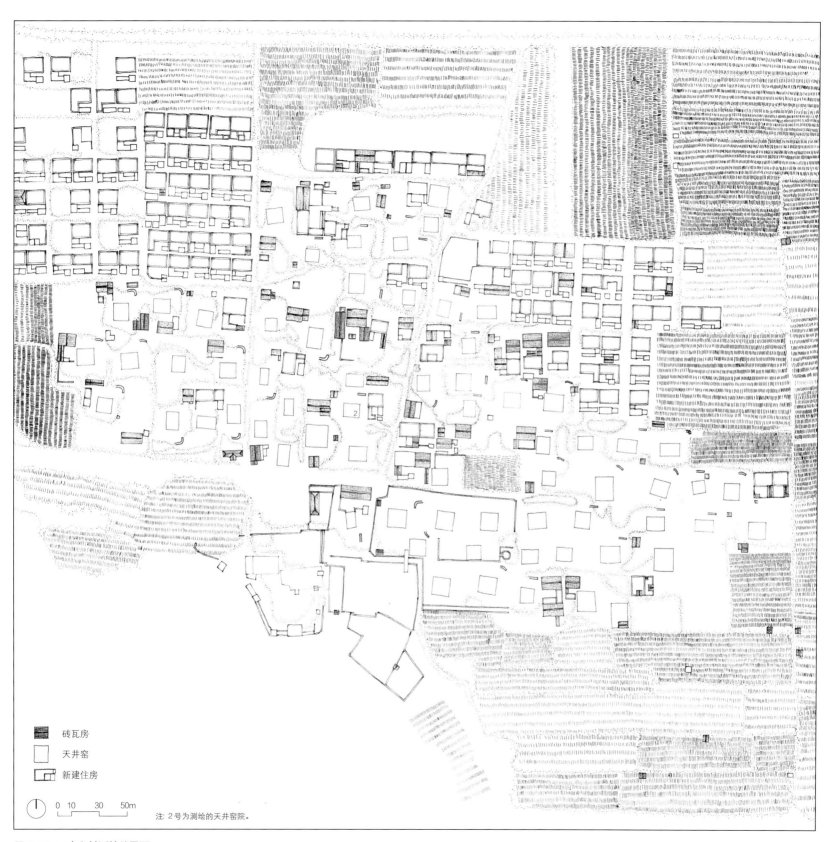

砖瓦房

天井窑

新建住房

0 10   30   50m

注：2号为测绘的天井窑院。

图 2-171　庙上村测绘总平面

图 2-172
三门峡陕县
西张村镇
庙上村航拍图
（2015 年 11 月 30 日）

167

图 2-173　一些住民选择在窑院的天心中间种植花草瓜果

图 2-174 窑院在地下的入口

图 2-175 一些住户会将窑洞的窑脸全部用黄土饰面，掩盖其下的砖拱结构

图 2-176　一般的窑洞会有两道门，外部有镂空的木质格栅，内部侧为整面的木门

图 2-177　一座小尺度的特殊窑院

庙上村 2 号窑院

　　庙上村2号窑院紧邻现今村落的入口
处，一对年过80岁的老人现居于此，老
人家中有5个女儿、2个儿子，均已成年并
离开了这一住所，第三代子孙共8人。据
老人口述，他们原先是张村居民，结婚时
（解放战争时期）搬至此处，来时便已经
有现成的窑洞，窑洞约有100年历史，并
不是他们自己挖建的。图2-178为该窑院
内的场景。

图 2-178　庙上村 2 号窑院内场景

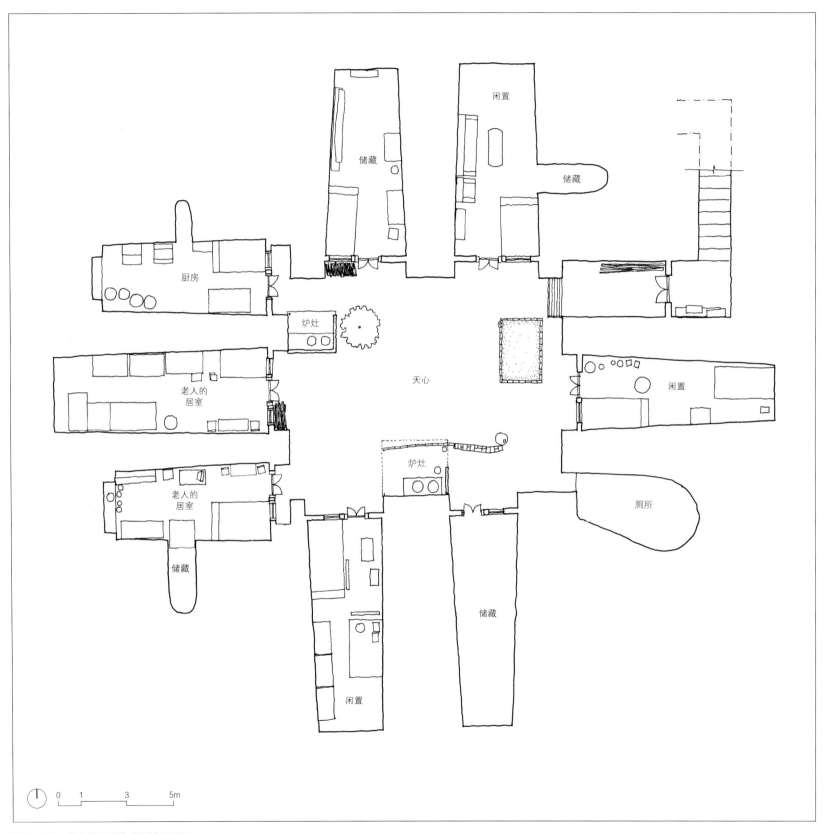

储藏

闲置

储藏

厨房

炉灶

天心

闲置

老人的
居室

老人的
居室

炉灶

厕所

储藏

闲置

储藏

0　1　　　3　　　5m

图 2-179　庙上村 2 号窑院测绘平面图

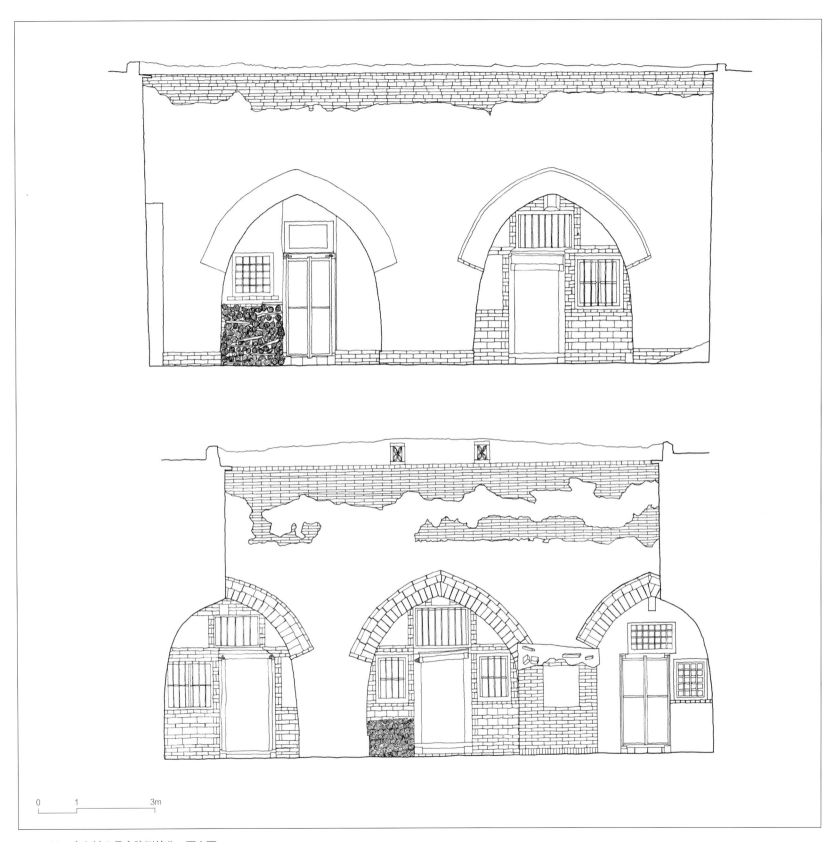

图 2-180　庙上村 2 号窑院测绘北、西立面

图 2-181　从入口处望向窑院内

图 2-182　曾有人居住，现为放置杂物的窑洞

十五、南坡村

南坡村位于西张村镇的南部，向南600米为东窑院村。南坡村村落中的窑院整体保存完整，半数以上窑院仍作为居住使用，没有在地上加建房屋的窑院。图2-183为调研小组于2015年12月1日所摄的南坡村航拍实景。

图 2-183　南坡村航拍实景

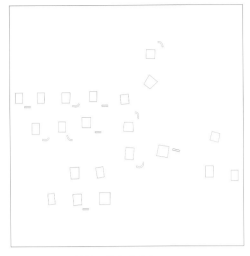

图 2-184 南坡村聚落窑院分布

南坡村隶属于三门峡市陕州区西张村镇，位于该黄土塬的最北端。现存共21个窑院，大多数仍被居民使用，6个窑院处于废弃状态（图2-184）。

进村的公路从西南角进入，经过两排窑院后向东延伸，穿过村子的主体，到达最东边的窑院后向北拐出村子。

村落中窑院的平均深度为向下5.47米；窑院天心面积最大的为18号院，面积为251.44平方米；2号院的面积最小，为107.13平方米；南坡村窑院的平均面积为164.78平方米。

将2014年卫星航拍图与1969年的卫星航拍图对比，可以发现现在村子的西半边窑洞也是整体保存完好的，它们在1969年之前就存在于此。村落向东300米左右曾经还存在一组窑院，现在已被填平，变为耕地（图2-185、图2-186）。

图 2-185
三门峡陕县
西张村镇
南坡村卫星图
（1969 年 12 月）

图 2-186
三门峡陕县
西张村镇
南坡村卫星图（源自谷歌地图）
（2014 年 12 月）

图 2-187
三门峡陕县
西张村镇
南坡村航拍图
（2015 年 11 月 30 日）

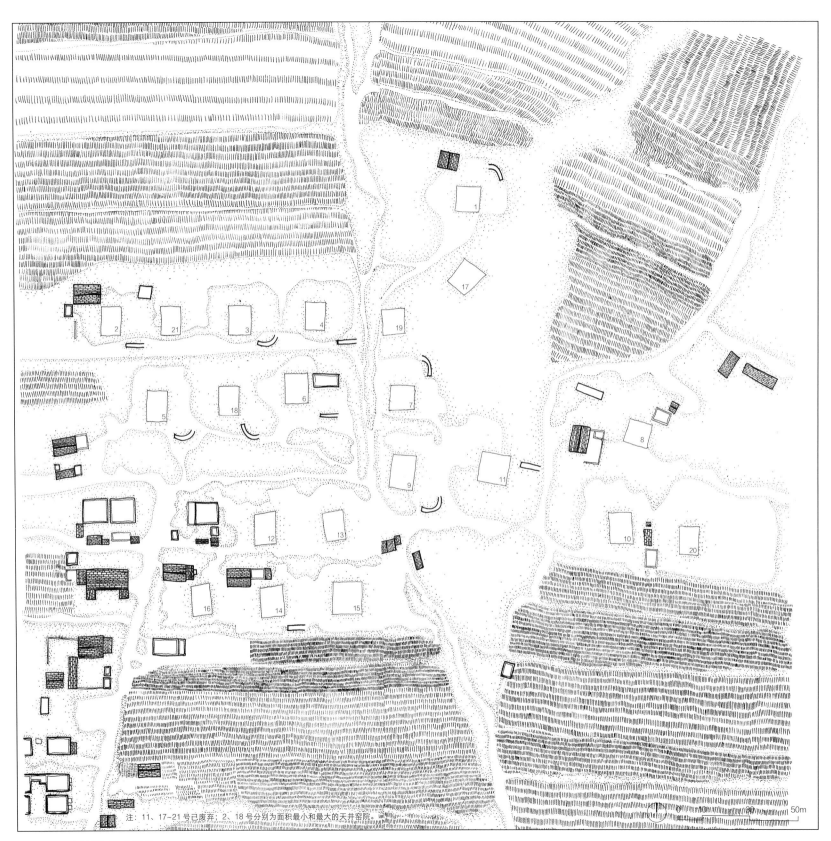

注：11、17~21 号已废弃；2、18 号分别为面积最小和最大的天井窑院。

图 2-188　南坡村测绘总平面

图 2-189 南坡村
平面图

图 2-190 南坡村
下沉式窑洞聚落局
部航拍图

图 2-191　从低空观察南坡村窑院群落，这是南坡村最南边的两个地坑院，天井的尺寸较大，东西两面各有三口窑洞，与北侧相邻的地坑院在地面上存在着阶梯式的高差

图 2-192　南坡村窑院与窑洞内景象（组图）。窑洞内墙体上贴满了报纸，用以保护墙体

图 2-193　南坡村窑洞入口及窑院内景象（组图）

图 2-194 南坡村 15 号窑院的四个立面（组图）

图 2-195　进入窑院的入口

十六、南营村

南营村位于张汴乡所属黄土塬北部中央的位置，与被开发为窑院代表景区的北营村南北相对。村落中的下沉式窑院整体保存完整。图2-196为调研小组于2015年11月29日所摄的南营村航拍实景。

图 2-196 南营村航拍实景

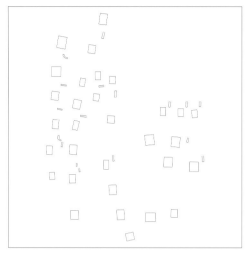

图 2-197　南营村的聚落窑院分布

南营村隶属于三门峡市陕州区张汴乡，村内现存31个下沉式窑院（图2-197）。半数以上仍作为居住或仓储使用，保存完好程度以东、西两侧的窑院为最佳，中部的窑洞多数已荒废。乡村公路从村落的西部进入，村子的北部和中部各有两条可通汽车的道路通向公路。

南营村窑院天心平均面积为152.37平方米，最大面积为252.71平方米，最小的面积只有86.12平方米，平均深度为6.02米。

通过2014年和1969年该村落的卫星航拍图对比，可以发现1969年时村落的房屋布局并不是十分规整且集中，村落东部靠南的几组窑院为1969年之后修建（图2-198、图2-199）。

图 2-198
三门峡陕县
张汴乡
南营村卫星图
（1969 年 12 月）

图 2-199
三门峡陕县
张汴乡
南营村卫星图（源自谷歌地图）
（2014 年 12 月）

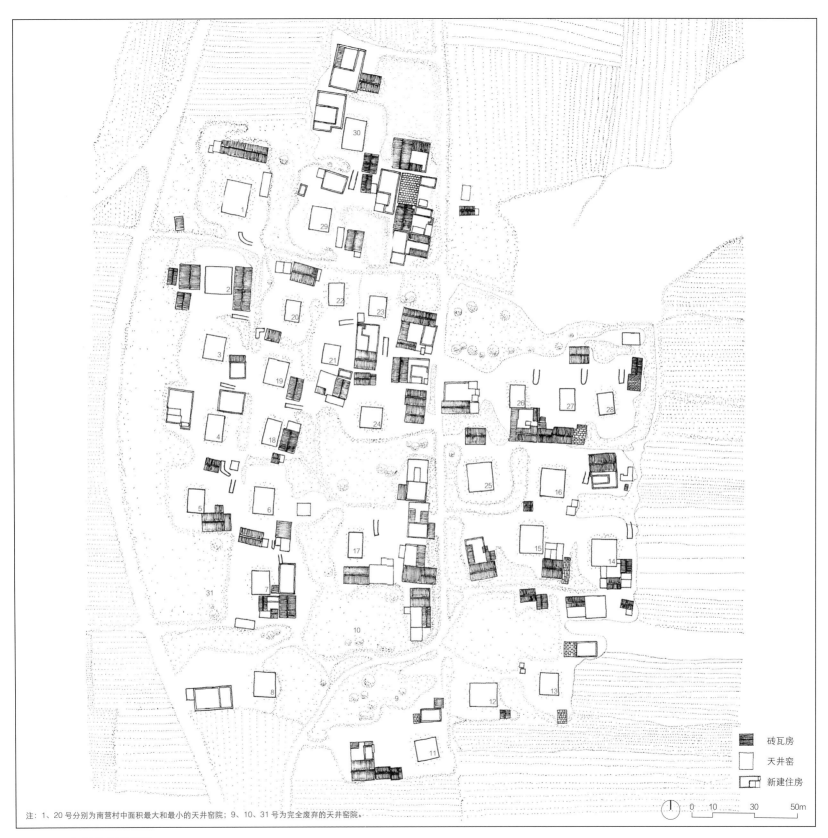

注：1、20号分别为南营村中面积最大和最小的天井窑院；9、10、31号为完全废弃的天井窑院。

图 2-200　南营村测绘总平面

砖瓦房
天井窑
新建住房

0　10　　30　　50m

图 2-201
三门峡陕县
张汴乡
南营村航拍图
（2015 年 11 月 30 日）

197

图 2-202　当窑院内的住民逐渐搬离时，一些空闲的窑洞成为家禽、牲畜的居所

图 2-203　该住民将窑洞入口处做了改造，将入口门洞按适合自己的尺度缩小

图 2-204　窑洞入口位于道路的中央（左图）

图 2-205　窑院内的厕所（右上图）

图 2-206　窑院内的鸡窝（右下图）

十七、寺院村一队

寺院村一队是张汴乡南部黄土塬中段从南向北道路尽头的最后一个村落，左右都紧邻山谷，耕地区域位于聚落的南北侧。图2-207为调研小组于2015年11月30日所摄的寺院村一队航拍实景。

图 2-207　寺院村一队航拍实景

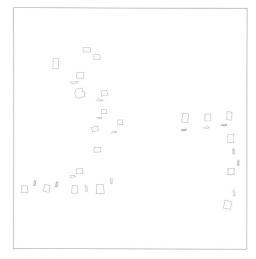

图 2-208　寺院村一队聚落窑院分布

寺院村一队隶属于三门峡市陕州区张汴乡，现存窑院共21个（图2-208），成叉装分布，整体保存完好。通车的道路从南部进入，随后在中段后向东西两方分开。通过将1969年和2014年该地区的卫星航拍图进行对比，可以观察到原先寺院村一队分为东西两部分，东西半边的窑院各自成南北向分布，较为规整，西半边的窑院数量更多（图2-209、图2-210）。

图 2-209
三门峡陕县
张汴乡
寺院村一队卫星图
（1969 年 12 月）

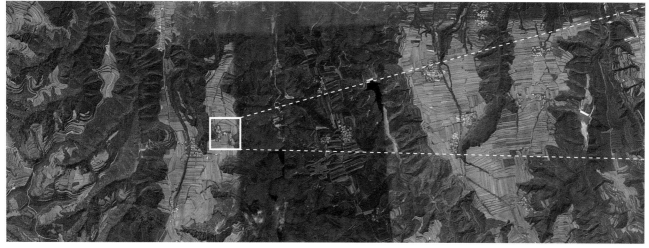

图 2-210
三门峡陕县
张汴乡
寺院村一队卫星图（源自谷歌地图）
（2014 年 12 月）

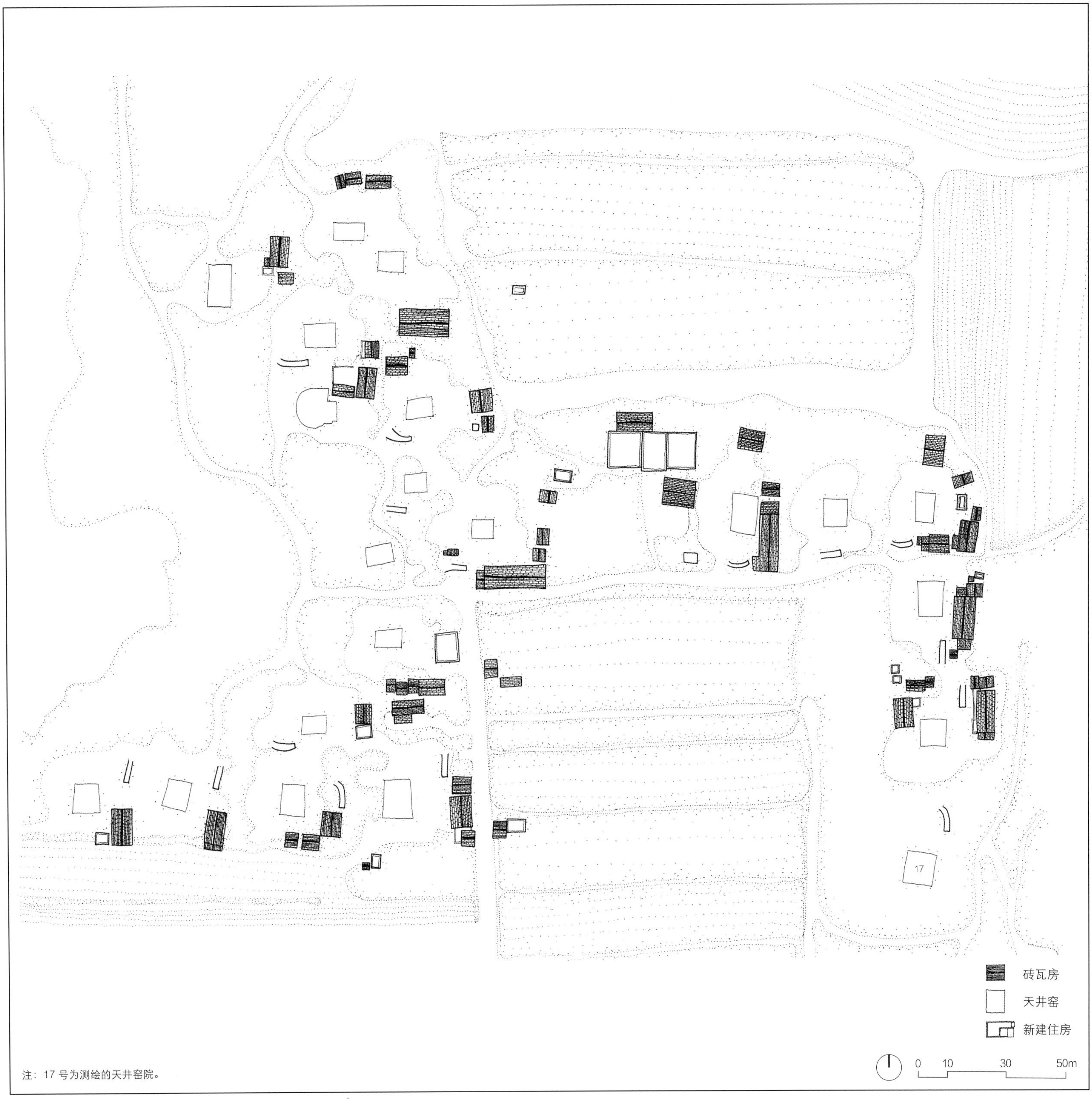

注：17 号为测绘的天井窑院。

图 2-211　寺院村一队测绘总平面

砖瓦房

天井窑

新建住房

0　10　　30　　50m

图 2-212
三门峡陕县
张汴乡
寺院村一队航拍图
（2015年11月30日）

图 2-213 寺院村一队较为普遍的一种没有拦马墙的窑院景象（组图）

图 2-214　地坑院旁加建的砖房架在了入口坡道之上

图 2-215　从入口甬道向上看到的场景

寺院村一队 17 号窑院

　　17号窑院位于寺院村一队最东端一列窑院的最南端，现居一位老人。

　　地上入口位于窑院的东北部，下行进入窑院内需先向西行，经过一个90°的转弯后向南，自院落的西北角进入。窑院呈南北向为长边的长方形，院落的北边为短边，位于西边上最北的房间向内部退缩，为进入下沉院落的入口让出了一定距离。

　　地上盖有两座砖瓦房，分别位于下沉窑洞的东西两边，居于此处的老人晚上居住在地上的砖瓦房内，中午在沉于地下的窑洞中午休。

　　图2-216为寺院村一队17号窑院在地面景象。

图 2-216　寺院村一队 17 号窑院地面景象

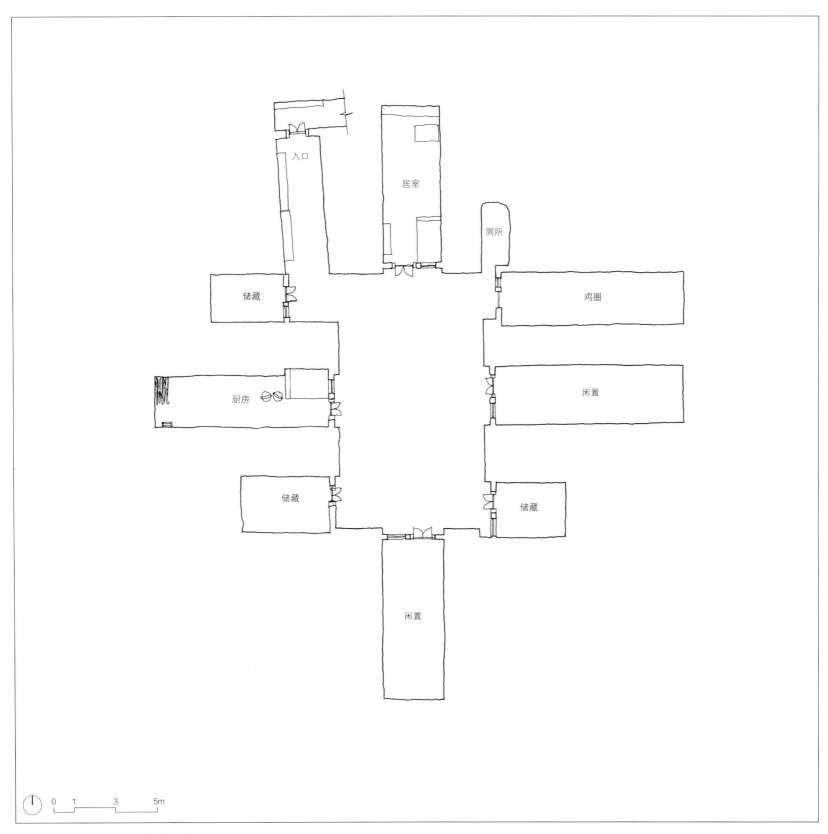

入口

居室

厕所

储藏

鸡圈

厨房

闲置

储藏

储藏

闲置

0 1 3 5m

图 2-217 寺院村一队 17 号窑院测绘平面图

图 2-218 寺
院村一队 17 号
窑院内场景 1

图 2-219 寺
院村一队 17 号
窑院内场景 2

图 2-220　寺院村一队 17 号窑院的鸡圈

图 2-221　寺院村一队 17 号窑洞
入口处

图 2-222　寺院村一队 17 号窑洞
室内场景

十八、寺院村二队

寺院村二队位于张汴乡南部黄土塬中段，东部紧邻崖岸，西部有乡村公路。窑洞聚落的布局呈三角形，有道路从村子的北部自西向东穿过，通向寺院村一队。图2-223为调研小组于2015年11月30日所摄寺院村二队航拍实景。

图 2-223　寺院村二队航拍实景

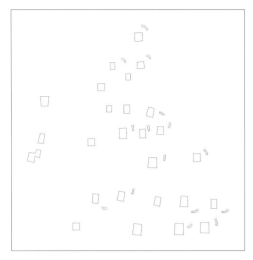

图 2-224　寺院村二队的聚落窑院分布

寺院村二队隶属于三门峡市陕州区张汴乡，现存下沉式天井窑洞26个（图2-224），绝大多数窑洞仍被使用，整体保存完好。村落的西部有一条不深的沟壑，现已长满草木，处于荒废状态，但仍然可以发现曾经有居住的痕迹，在这段沟壑中分布着已经荒废的靠崖式窑洞。

寺院村二队中窑院天心的平均面积为116.97平方米，最大面积为206.37平方米，最小面积只有68.60平方米。

该村落中大部分窑院的入口分布于院落的东部，结合1969年与2014的航拍图，可以发现该村落在最南部多出两排窑院，其余变化不大（图2-225、图2-226）。

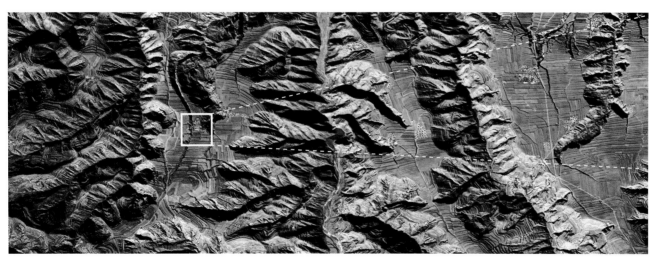

图 2-225
三门峡陕县
张汴乡
寺院村二队卫星图
（1969 年 12 月）

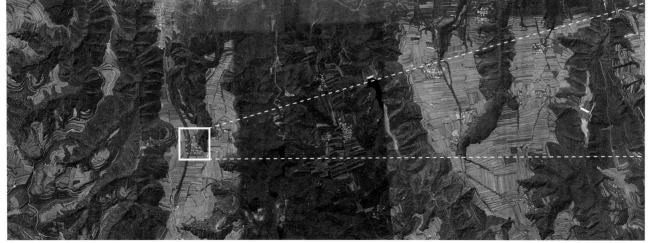

图 2-226
三门峡陕县
张汴乡
寺院村二队卫星图（源自谷歌地图）
（2014 年 12 月）

图 2-227
三门峡陕县
张汴乡
村院二次航拍图
（2015年11月30日）

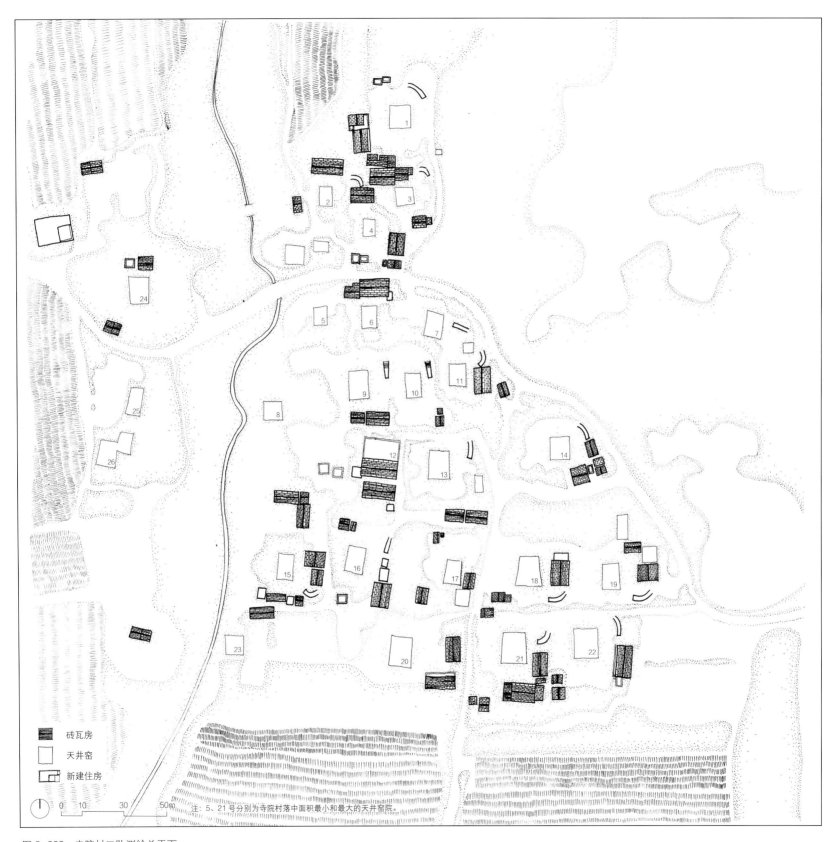

砖瓦房

天井窑

新建住房

0 10   30   50m   注：5、21号分别为寺院村落中面积最小和最大的天井窑院。

图 2-228　寺院村二队测绘总平面

图 2-229　寺院村二队窑洞内场景（组图）

图 2-230 从航拍图中观察到这一组窑院聚落具有相同的朝向

图 2-231　寺院二队某地坑院航拍视角，由道路和植物划分出的圆形场地，中间开有一个天井院，空地下方是天井挖向黄土内的窑洞，场地东南角的地面上加建了一组小砖房

十九、凹里村

凹里村也称为洼里村。村子东边紧邻黄土塬的沟壑，西侧不远处为乡村公路，西侧和北侧均有耕地。图2-232为调研小组于2015年12月1日所摄的凹里村航拍实景。

图 2-232　凹里村航拍实景

图 2-233　凹里村的聚落窑院分布

凹里村共有14个地下窑洞，全部在县道东部，整体保存较为完整（图2-233）。

凹里村地下窑洞保存不完整（或有塌陷）但仍有人居住的地坑院为4、9、10号；保存较完整且有人居住的有6、7号；保存较完整无人居住的有8号；荒废（或塌陷）无人居住的有1、2、3、5、11、12、13号。地面入口位置部分位于地坑的东北方向，部分位于地坑的东南方向（图2-236）。

大多数地下窑洞在拦马墙和地面交接的地方都杂草丛生，窑洞地面部分坑洼不平。

对比1969年与2014年的凹里村航拍图（图2-234、图2-235），我们发现在1969年时同一地区还未出现村落的痕迹，因此可说明该村落是1969年之后前由他处迁移至此地的。

图 2-234
三门峡陕县
西张村镇
凹里村卫星图
（1969 年 12 月）

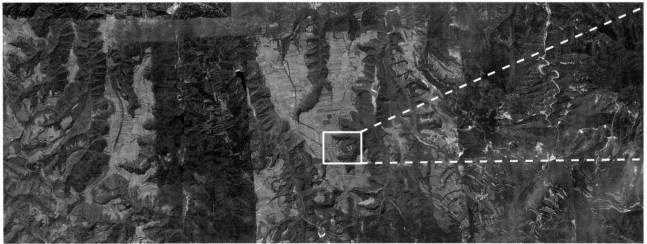

图 2-235
三门峡陕县
西张村镇
凹里村卫星图（源自谷歌地图）
（2014 年 12 月）

砖瓦房

天井窑

新建住房

0　10　　30　　50m

图 2-236　凹里村测绘总平面

229

图 2-237
三门峡陕县
西张乡
凹里村航拍图
（2015 年 11 月 30 日）

图 2-238　图中的窑院位于崖岸边，靠近崖岸的一侧发生了塌方，因此呈现出三面围合的类靠崖窑的形态

二十、王坡村

王坡村位于西张村镇管辖区域的南部，东临乡村公路，四周被耕地包围，是该地区规模相对较大的一个村落，整体保存相对完整。图2-239为调研小组于2015年11月30日所摄的王坡村航拍实景。

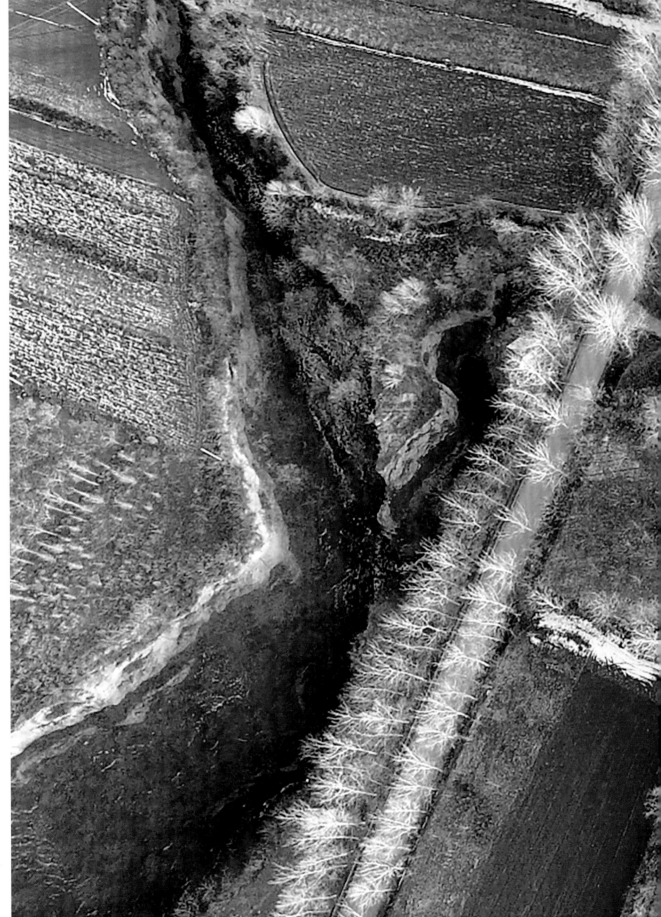

图 2-239　王坡村航拍实景

图 2-240　王坡村的聚落窑院分布

王坡村隶属于三门峡市陕州区西张村镇，现存29个地下窑院，窑院排列较为规整（图2-240）。该村落窑院天心的平均面积为110.59平方米，最大的一口窑院面积为164.62平方米，最小的一口面积仅为53.84平方米，在考察过的所有村落中王坡村窑院面积较小。

通过将2015年考察时的航拍图与2014年卫星航拍图以及1969年的卫星航拍图进行比较（图2-241～图2-243），可以发现在1969年时王坡村分为南、北两个部分，南边部分已经有个别的地上住房被修建。经过近50年的变迁后，王坡村中部的空地被窑院填满，南半部的地上住宅也多了起来。

图 2-241
三门峡陕县
西张村镇
王坡村卫星图
（1969 年 12 月）

图 2-242
三门峡陕县
西张村镇
王坡村卫星图（源自谷歌地图）
（2014 年 12 月）

图 2-243
三门峡陕县
张村镇
王坡村航拍图
(2015 年 作者 拍摄)

237

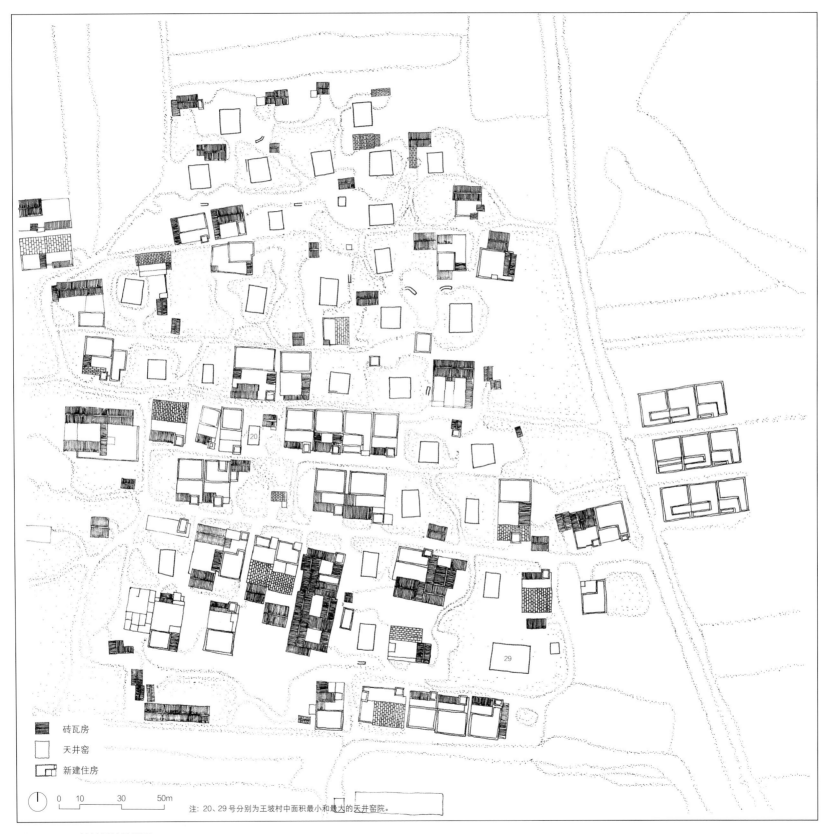

砖瓦房

天井窑

新建住房

0 10   30   50m

注: 20、29号分别为王坡村中面积最小和最大的天井窑院。

图 2-244　王坡村测绘总平面

图 2-245　王坡村某一住户的
下沉式窑洞移地上后修建平房

图 2-246　王坡村某下沉式窑
洞内入口及窑洞内院

图 2-247　该窑院面积较大，种植有乔木，与其他窑院相比，尺度的变化带来了不同的空间感受

图 2-248　从入口甬道处向地上望去，甬道的两边是排水的沟渠

二十一、沟南村

沟南村原名南源村。村东部为峡谷，与庙上村隔岸相望。村西部地势平坦，地形较高，作为耕地使用。一条南北向可通车的道路贯穿村落，大部分的窑洞集中在道路东侧。图2-249为调研小组于2015年11月30日所摄的沟南村航拍实景。

图 2-249 沟南村航拍实景

图 2-250　沟南村聚落窑院分布

沟南村共19个地下窑院，道路东部16个，呈网格状分布；道路西部3个，沿道路分布，整体保存较好（图2-250）。

沟南村保存不完整（或有塌陷）但仍有人居住的地下窑洞为1、9、11、15号；保存较完整且有人居住的有2、5、8、10、13、17、18、19号；保存较完整无人居住的有3、14、16号；荒废（或塌陷）无人居住的有4、6、7、12号。地面入口方位大多位于地下窑洞的东北方向。19号窑洞的地面入口位置位于窑洞的西南方向（图2-254）。

大多数地下窑洞的地面部分修有拦马墙，拦马墙与地面交界处有房檐。院内多种槐树，窑洞顶部起券为尖拱券。

对比1969年与2014年的航拍图（图2-251、图2-252），可以发现沟南村的发展与变迁不大，村落整体形态保持稳定不变。

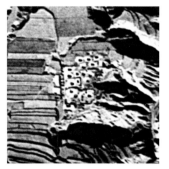

图 2-251
三门峡陕县
西张村镇
沟南村卫星图
（1969 年 12 月）

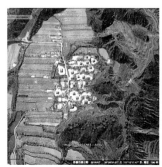

图 2-252
三门峡陕县
西张村镇
沟南村卫星图（源自谷歌地图）
（2014 年 12 月）

图 2-253
三门峡陕县
西张村镇
沟南村航拍图
（2015 年 7 月 8 日）

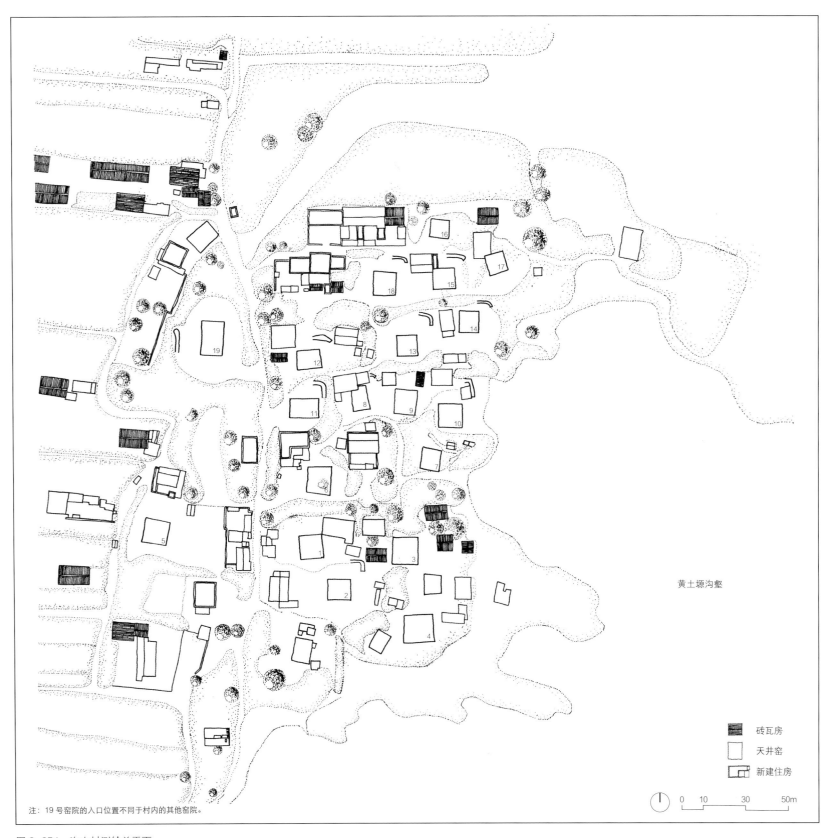

黄土塬沟壑

砖瓦房
天井窑
新建住房

注：19号窑院的入口位置不同于村内的其他窑院。

图 2-254　沟南村测绘总平面

246

图 2-255 有影壁的窑院

图 2-256　南沟村中面积较大的窑院

第三部分　三门峡地区下沉式窑洞聚落一览

书中实地调研了三门峡地区所有现存较为完整的下沉式窑洞聚落的89个村落，并在资料收集过程中获得了20世纪50年代该地区的卫星图像，将1958年的卫星图像和2014年的卫星图像进行比较，可以看到下沉式窑洞聚落变迁的过程。

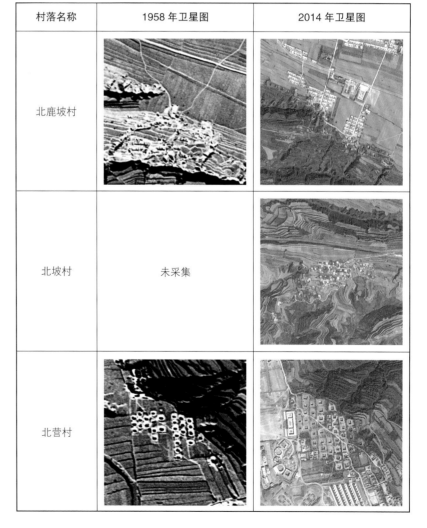

村落名称	1958 年卫星图	2014 年卫星图
凹里村		
白土坡村	未采集	
北地村 + 西地村 + 西沟村		

村落名称	1958 年卫星图	2014 年卫星图
北鹿坡村		
北坡村	未采集	
北营村		

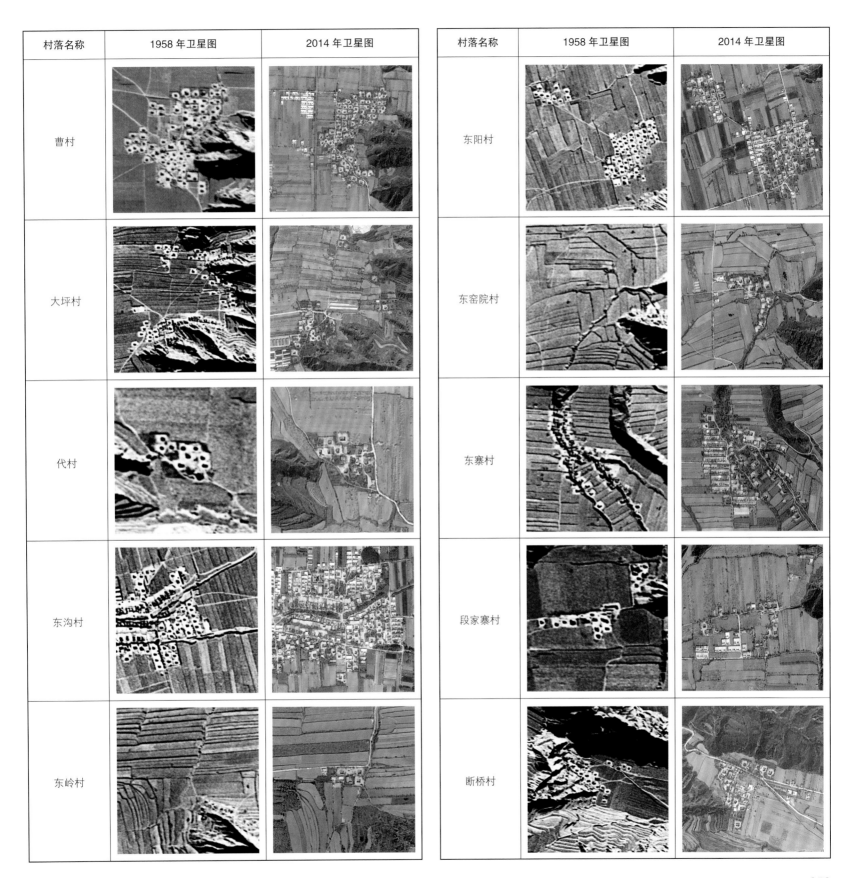

村落名称	1958 年卫星图	2014 年卫星图	村落名称	1958 年卫星图	2014 年卫星图
曹村			东阳村		
大坪村			东窑院村		
代村			东寨村		
东沟村			段家寨村		
东岭村			断桥村		

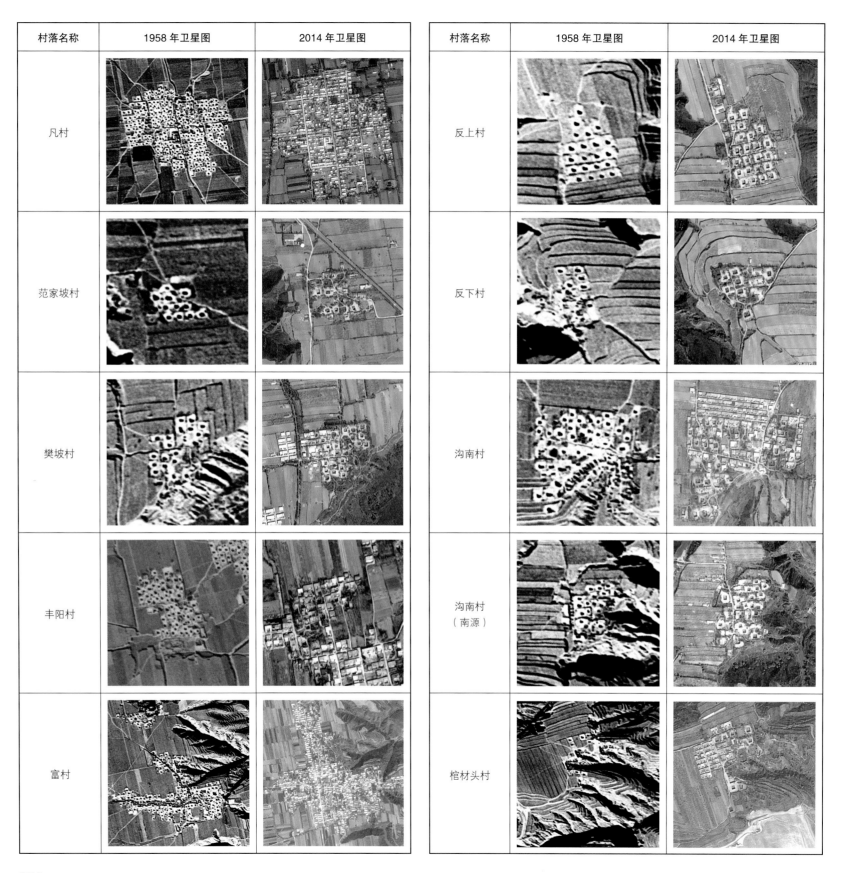

村落名称	1958 年卫星图	2014 年卫星图	村落名称	1958 年卫星图	2014 年卫星图
凡村			反上村		
范家坡村			反下村		
樊坡村			沟南村		
丰阳村			沟南村（南源）		
富村			棺材头村		

村落名称	1958 年卫星图	2014 年卫星图	村落名称	1958 年卫星图	2014 年卫星图
韩家沟村			刘寺村 （大刘寺村）		
侯家岭村	未采集		卢庄村		
化里庙村			马家庄村		
交林村			庙后村		
金沟			庙上村		

村落名称	1958 年卫星图	2014 年卫星图	村落名称	1958 年卫星图	2014 年卫星图
庙洼村			南头村	未采集	
木通沟	未采集		南营村		
南沟村			前母淆村		
南鹿坡			前坪村		
南坡村			前后关村		

村落名称	1958 年卫星图	2014 年卫星图	村落名称	1958 年卫星图	2014 年卫星图
桥北村			上康庄村		
曲村			石城原村		
人马寨村			寺庄村 + 西滑沟村		
人马村			寺院村一队		
桑树洼村			寺院村二队		

村落名称	1958 年卫星图	2014 年卫星图	村落名称	1958 年卫星图	2014 年卫星图
宋王庄村			位村	未采集	
太阳村			五花岭村		
唐凹村	未采集		西过村		
王村			西梨园村		
王坡村			西王村		

村落名称	1958 年卫星图	2014 年卫星图	村落名称	1958 年卫星图	2014 年卫星图
西窑村			小东沟村		
西窑院村			小高坡村		
下牛王庙			小西坡村		
小官村			羊虎山村	未采集	
小刘寺村			杨家窑村		

259

村落名称	1958 年卫星图	2014 年卫星图	村落名称	1958 年卫星图	2014 年卫星图
窑底村			赵坡村		
宜村			赵原村		
张汴村			周家宎村		
赵家湾村			朱家村		
赵家园村					

后　记

过去几千年中，由于没有发生生产力的根本变化，大量人类早期的聚落事实上并没有发生根本性质的改变。在中国的众多地区，甚至边远地区都存有大量人类早期解决生存与生活问题的聚落样本和案例，然而这些蕴含丰富民间智慧的聚落在近几十年的现代化进程中，逐步丧失了适应能力。伴随着公路的延伸、信息的覆盖，生活在千百年聚落中的人们，在开阔眼界的同时，已无法再眷恋既往的生活。这些生活在样本级聚落中的居民渴望改变自己的生活，诚然是无可厚非的，然而矛盾的是，在他们为改变自己的生活离开村落的同时，这些村落便开始被废弃；抑或是由于他们经济收入的增加，力图使传统聚落适应现代生活时，这些传统的聚落便遭到改变。

尽管改造后的新聚落可以适应现代生活的需求，但事实上它们已经远离了传统形态的真正内涵。作为建筑师，一方面在不断设计着适应现代生活的建筑，另一方面也在改造着传统建筑使其适应现代生活，然而这两种方式，客观上都没有延续传统的生活。"新瓶装新酒"和"旧瓶装新酒"，实际上"酒"本身已经变化。"新瓶装新酒"如果说是一种诚实，那"旧瓶装新酒"似乎拥有了另外一层含义。而能否让传统的生活延续，是聚落能否延续的真正症结所在。

如此这样一种样本级的聚落文化与现代生活间的剧烈矛盾，是这个激变时代的特征，那作为时代变迁见证者的我们，则深刻感悟到两者之间矛盾难以调和的现实。轻易地选取任何一方，而排斥另外一方都是危险的。然而作为聚落研究者目前所能够做的，就是尽可能地以一个客观的视角，将现存着的聚落整体记录，留下尚存的宝贵资料。同时也见证并告诉未来，当下这个时代所面临的矛盾和困惑，以期为未来的研究提供消失之前的记忆。也正是基于这样的理解，我们聚落研究小组不断地搜集那些尚未消失的聚落遗存，通过大量图片和测绘的方式将其记录，将人类千百年来生活聚居的智慧留给未来学者，为他们之后进一步的深入研究提供当下的素材和资料。

本次结集出版的三本聚落研究成果，是我们多年聚落研究的总结，希冀为未来研究呈献微薄之力。

感谢参与本书调研和编写工作的所有人员，特别是未来年轻一代的聚落研究者们，也感谢为此套书的出版所付出艰辛努力的各界同仁。

王昀

2018年12月

内容索引

L型	46	樊坡村5号窑院	82
U型	46	反上村	122
凹里村	226	反下村	122
白土坡村	252	范家坡村	254
半窑	50	方形窑院	38
北地村	252	丰阳村	254
北坎宅	50	富村	254
北鹿坡村	252	巩县志	2
北坡村	252	沟南村	242
北营村	252	棺材头村	254
曹村	10	韩家沟村	255
穿斗式	4	横穴	2
磁山文化	2	侯家岭村	255
大坪村	253	化里庙村	255
大营镇	6	黄土	4
代村	44	黄土塬区	4
地坑院	17	冀北窑洞区	4
第四纪大冰川期	2	尖峰角	2
东沟村	253	交林村	255
东岭村	253	金沟	255
东阳村	253	晋中南窑洞区	4
东窑院村	58	就地取材	4
东寨村	253	靠崖窑	4
东镇宅	128	拦马墙	20
独立式窑洞	4	礼记	2
段家寨村	253	礼记·礼运	2
断桥村	253	两道门	172
凡村	254	刘寺村（大刘寺村）	255
樊坡村	76	陇东窑洞区	4

卢庄村	146	上康庄村	66
卢庄村1号窑院	152	十六国春秋·前秦录	2
马家庄村	255	石城原村	257
孟子·滕文公下	2	石楼岔沟遗址	2
庙后村	255	竖穴	2
庙上村	162	水经注疏	2
庙上村2号窑院	174	寺院村一队	202
庙洼村	256	寺院村一队17号窑院	212
木通沟	256	寺院村二队	218
南沟村	256	寺庄村	257
南鹿坡	256	宋王庄村	258
南坡村	180	抬梁式	4
南头村	254	太阳村	258
南营村	192	唐凹村	258
宁夏窑洞区	4	天井院	19
裴李岗文化	2	天心	128
前后关村	256	土基窑	4
前母涝村	256	王村	258
前坪村	256	王坡村	234
乔木	37	位村	258
桥北村	257	五花岭村	258
曲村	257	西地村	252
曲进型	46	西沟村	252
人工穴居	2	西过村	32
人马村	257	西滑沟村	257
人马寨村	257	西梨园村	258
三门峡窑洞民居	6	西王村	258
桑树洼村	257	西窑村	22
陕西窑洞区	4	西窑院村	58

西张村镇	6	窑院分布	12
下沉式窑院	4	宜村	260
下牛王庙	259	豫西窑洞区	4
小东沟村	259	原店镇	6
小高坡村	138	灶台	156
小官村	259	张汴村	260
小刘寺村	90	赵家湾村	260
小西坡村	259	赵家园村	260
穴居	2	赵坡村	108
沿沟式	4	赵坡村20号窑院	114
羊虎山村	259	赵原村	260
杨家窑村	259	周家窊村	260
杨氏老人窑洞	128	朱家村	260
窑底村	98	主窑	50
窑脸	28	砖石窑	4

插图索引

1958年的三门峡地区卫星航拍图	5	东窑院村聚落窑院分布	60
凹里村测绘总平面	229	东窑院村与西窑院村的测绘总平面	61
凹里村的聚落窑院分布	228	东窑院村与西窑院村的航图总平面	62
凹里村航拍实景	226	东窑院航拍实景	58
凹里村航拍图	231	樊坡村5号窑院测绘北立面	84
凹里村卫星图	228	樊坡村5号窑院测绘平面	83
曹村测绘总平面	13	樊坡村5号窑院西测绘立面	85
曹村风貌记录	20	樊坡村5号窑院西立面	82
曹村航拍实景	10	樊坡村5号窑院窑洞内的场景	88
曹村航拍总平面	15	樊坡村测绘总平面	79
曹村聚落窑院分布	12	樊坡村航拍实景	76
曹村卫星图	12	樊坡村航拍图	81
储水井	157	樊坡村聚落窑院分布	78
从曹村北部入口进入后到达的一个地坑院	17	樊坡村卫星图	78
从低空观察南坡村窑院群落	186	反上村、反下村航拍图	127
从地面俯瞰代村5号窑院内院落	55	反上村、反下村卫星图	124
从地面俯瞰代村5号窑院西立面	54	反上村5号杨氏老人窑洞	128
从地面上看代村5号窑院	50	反上村5号杨氏老人窑洞测绘平面	130
从窑洞内望向院落	89	反上村5号窑院测绘南、西立面	131
代村1号窑院	49	反上村航拍实景	122
代村3号窑院	49	反上村聚落窑院分布	124
代村5号窑院测绘北立面	53	反上村与反下村测绘总平面	125
代村5号窑院测绘平面	52	反下村聚落窑院分布	124
代村测绘总平面图	48	沟南村测绘总平面	246
代村航拍实景	44	沟南村航拍实景	242
代村航拍图	47	沟南村航拍图	245
代村聚落窑院分布	46	沟南村聚落窑院分布	244
代村卫星图	46	沟南村卫星图	244
东西窑院卫星图	60	进入地下窑院的入口	87

居民与窑洞的尺度关系	155	南营村测绘总平面	195
卢庄村1号窑院测绘平面	153	南营村的聚落窑院分布	194
卢庄村1号窑院测绘西、北立面	154	南营村航拍实景	192
卢庄村1号窑院院内场景	152	南营村航拍图	197
卢庄村测绘平面	149	南营村卫星图	194
卢庄村航拍实景	146	入口与窑院的位置关系	136
卢庄村航拍图	151	三门峡市陕县的下沉式窑院	3
卢庄村聚落窑院分布	148	上康庄村4号窑院的院落	74
卢庄村卫星图	148	上康庄村4号窑院内景象	74
萝卜窖	156	上康庄村测绘总平面	69
庙上村2号窑院测绘北、西立面	177	上康庄村航拍实景	66
庙上村2号窑院测绘平面图	176	上康庄村航拍图	71
庙上村2号窑院内场景	174	上康庄村聚落窑院分布	68
庙上村测绘总平面	165	上康庄村卫星图	68
庙上村航拍实景	162	上康庄村杨氏老人窑院地上景象	72
庙上村航拍图	167	上康庄村杨氏老人窑院入口	73
庙上村聚落窑院分布	164	寺院村一队17号窑院的鸡圈	216
庙上村卫星图	164	寺院村一队17号窑洞厕所入口处	217
南沟村中面积较大的窑院	248	寺院村一队17号窑洞室内场景	217
南坡村15号窑院的四个立面	190	寺院村一队17号窑院测绘平面图	214
南坡村测绘总平面	184	寺院村一队17号窑院地面景象	212
南坡村航拍实景	180	寺院村一队17号窑院内场景1	215
南坡村航拍图	183	寺院村一队17号窑院内场景2	215
南坡村聚落窑院分布	182	寺院村一队测绘总平面	205
南坡村平面图	185	寺院村一队航拍实景	202
南坡村卫星图	182	寺院村一队航拍图	207
南坡村下沉式窑洞聚落局部航拍图	185	寺院村一队聚落窑院分布	204
南坡村窑洞入口及窑院内景象	189	寺院村一队卫星图	204
南坡村窑院与窑洞内景象	188	寺院村二队测绘总平面	222

寺院村二队的聚落分布图	220		西窑村卫星图	24
寺院村二队航拍实景	218		西窑院村聚落窑院分布	60
寺院村二队卫星图	220		小高坡村测绘总平面	142
寺院村二队窑洞内场景	223		小高坡村航拍实景	138
寺院二队航拍图	221		小高坡村航拍图	141
寺院二队某地坑院航拍视角	225		小高坡村聚落窑院分布	140
王坡村测绘总平面	238		小高坡村卫星图	140
王坡村的聚落窑院分布	236		小刘寺村4号窑院	97
王坡村航拍实景	234		小刘寺村测绘总平面	94
王坡村航拍图	237		小刘寺村单个窑院周边关系	95
王坡村某下沉式窑洞内入口及窑洞内院	239		小刘寺村冬季雪后的场景	96
王坡村某一住户的下沉式窑洞移地上后修建平房	239		小刘寺村航拍实景	90
王坡村卫星图	236		小刘寺村航拍图	93
位于三门峡大营镇的大营村	6		小刘寺村局部窑院分布关系	95
位于三门峡东凡乡的大北阳村	6		小刘寺村聚落窑院分布	92
位于三门峡西张村镇的反上村	6		小刘寺村卫星图	92
位于三门峡西张村镇的西张村	6		杨氏老人的住屋	133
西过村测绘总面	36		杨氏老人子女的住屋	132
西过村航拍实景	32		窑底村不同窑院立面的微差	106
西过村航拍图	35		窑底村测绘总平面	102
西过村聚落窑院分布	34		窑底村航拍实景	98
西过村卫星图	34		窑底村航拍图	101
西窑村11号窑院的院内、地上、立面（窑脸）	29		窑底村聚落窑院分布	100
西窑村1号窑院的院内、地上、立面（窑脸）	28		窑底村卫星图	100
西窑村测绘总平面	26		窑底村相临较近的一组窑院群落	105
西窑村航拍实景	22		窑底村一个面积较小的窑院	104
西窑村航拍图	25		窑洞地上的谷堆	159
西窑村局部航拍图景	27		窑洞居民生活1	143
西窑村聚落窑院分布	24		窑洞居民生活2	143

窑洞入口1	160	赵坡村12号住户窑洞立面2	121
窑洞入口2	160	赵坡村16号住户窑洞立面1	120
窑洞入口3	161	赵坡村16号住户窑洞立面2	120
窑洞上方的景象	121	赵坡村20号窑院测绘南立面	118
窑洞与地上加建房屋的关系	120	赵坡村20号窑院测绘平面图	116
窑院地上景象	105	赵坡村20号窑院内的不同窑洞	119
窑院民居与人的尺度对比关系	137	赵坡村测绘总平面	111
窑院内的厕所	201	赵坡村航拍实景	108
窑院内的鸡窝	201	赵坡村航拍图	113
窑院与入口的不同位置关系	107	赵坡村聚落窑院分布	110
用黄土饰面的拦马墙做法	135	赵坡村卫星图	110
有影壁的窑院	247	住民生火做饭所用的灶台	156
在院落中看樊坡村5号窑院南立面	86		
赵坡村12号住户窑洞立面1	121		

注：本书所有图片及测绘图均由 ADA 研究中心提供。

参考文献

［1］MAREAN Curtis W，NILSSEN Peter J，BROWN Kyle S，JERARDINO Antonieta，STYNDER Deano. Paleoanthropological investigations of Middle Stone Age sites at Pinnacle Point，Mossel Bay (South Africa)：Archaeology and hominid remains from the 2000 Field Season［J］. Paleoanthropology，2013(1).

［2］侯继尧. 窑洞民居［M］. 北京：中国建筑工业出版社，1989.

［3］张长寿，郑文兰，张孝光. 山西石楼岔沟原始文化遗存［J］. 考古学报，1985(2).

［4］戴德，戴圣. 礼记(套装共4册)［M］. 南昌：江西美术出版社，2012.

［5］朱熹. 国学典藏：孟子［M］. 上海：上海世纪出版股份有限公司古籍出版社，2013.

［6］崔鸿撰，十六国春秋［M］. 北京：商务印书馆，1936.

［7］郦道元. 水经注疏［M］. 南京：凤凰出版社，2014.

［8］巩县志编纂委员会，巩县志［M］. 郑州：中州古籍出版社，1991.

图书在版编目（CIP）数据

窑洞民居 / 北京大学聚落研究小组，北京建筑大学 ADA 研究中心著.
—北京：中国电力出版社，2019.4
（中国传统聚落与民居研究系列 . 第一辑）
ISBN 978-7-5198-2824-0

Ⅰ . ①窑⋯ Ⅱ . ①北⋯ ②北⋯ Ⅲ . ①窑洞－民居－研究－三门峡
Ⅳ . ① TU929

中国版本图书馆 CIP 数据核字（2018）第 291798 号

出版发行：中国电力出版社
地　　址：北京市东城区北京站西街 19 号（邮政编码 100005）
网　　址：http://www.cepp.sgcc.com.cn
责任编辑：王　倩（010-63412607）　梁　瑶
责任校对：黄　蓓　太兴华　常燕昆
责任印制：杨晓东

印　　刷：北京盛通印刷股份有限公司
版　　次：2019 年 4 月第一版
印　　次：2019 年 4 月北京第一次印刷
开　　本：787 毫米 ×1092 毫米　1/12 开本
印　　张：24
字　　数：711 千字
定　　价：368.00 元